KB157702

AM OUTFITTING EQUIPMENT 활용

(AVEVA Marine 12.1.SP3)

이창근 저

머 리 말

선박 설계는 크게 선체설계와 의장설계로 분류되며 본 책은 선박 설계에 사용되는 응용소프트웨어인 AVEVA Marine 12.1.SP3 시스템에서 있어 의장설계의 기본인 OUTFITTING EQUIPMENT에 대하여 설명한다. 본 책은 저자가 강단에서 조선설계 프로그램인 AVEVA Marine을 학생들에게 의장설계 OUTFITTING EQUIPMENT을 강의하도록 집필한 것이다.

본 책은 AVEVA Marine 12.1.SP3 시스템에서 OUTFITTING EQUIPMENT의 활용을 다루고 있다. OUTFITTING EQUIPMENT 활용에서는 AVEVA Marine 의장(Outfitting) 구조, OUTFITTING 시스템 데이터베이스 계층구조, 3D Aid Constructs, OUTFITTING EQUIPMENT의 모델링, Volume, Primitive에서의 Revolution, Extrusion, Negative, 장비의 이동에 대하여 설명한다.

다양한 OUTFITTING EQUIPMENT Modeling 실습으로 AVEVA Marine 12.1.SP3 시스템에서 OUTFITTING EQUIPMENT에 대한 기본 예제를 실습하고 활용할 수 있도록 하였다.

본 책의 출판을 위하여 적극적으로 후원하여 주신 컴원미디어 출판사 홍정표 사장님과 직원 여러분께 감사를 드린다.

2015. 12. 저자

차례 C·o·n·t·e·n·t·s

1장 : AVEVA Marine EQUIPMENT 개요

2장 : 3D Aid Constructs

3장 : Volume

4장 : Equipment Modeling

5장 : Equipment Modeling 실습

6장 : Equipment Pump, Heat Exchanger

7장 : Extrusion, Revolution

8장 : Equipment Ventilation Fan

9장 : Equipment Vessel

10장 : Equipment Negative Primitive

11장 : Equipment Model Editor

1장 : AVEVA Marine EQUIPMENT 개요

1-1. AVEVA Marine 의장(Outfitting) 구조

1-1-1. AVEVA Marine 의장 구조

AM 의장시스템은 3D 모델링 시스템이며, 모든 정보들은 데이터베이스에 저장된다. AVEVA 의장은 모듈(Modules)과 응용프로그램(Applications)의 기능이 있다. AVEVA Marine은 모듈로 이루어지며, 각 모듈은 다른 목적을 위하여 데이터베이스에 접근한다.

- Monitor   AVEVA Marine 통제
- Hull Design   3D Hull Design
- Hull Drafting   2D Hull Drawing Production
- Outfitting   3D Outfitting Design
- Outfitting Drafting 2D Outfit Drawing Production
- Marine Diagrams   Cable/Piping/HVAC Diagrams
- Spooler   제작을 위한 Spools
- Isodraft   Isometric Drawing Production(ISO 도면 제작)
- Paragon   Catalogue Construction
- Spegon   Specification Construction
- Propcon   Properties Construction
- Lexicon   User Defined Attributes
- Admin   Project/User Control

1.1.1.1. Monitor

Monitor는 AVEVA Marine으로 들어가는 것을 통제하는 모듈이며, 정상적인 사용자는 인터페이스를 통하여 AVEVA Marine으로 들어간다.

1.1.1.2. Hull Design

AVEVA 초기설계는 효율적이며 실제적인 선박 설계 툴(ship-design tools)이며, 프로젝트 구조상의 설계와 개념설계를 위해서 독립적으로 사용 될 수 있다.

모듈	설명
• Geometry	3가지 디자인 제작 툴로 구성
• Lines	선체 형태를 빠르게 만들기 위하여 사용
• Surface	anchor pocket(앵커 포켓)부터 상부구조까지 선체 특징의 시각화와 3D모델링
• Compartment	격벽(bulkhead), 갑판(deck), 상부구조(superstructure) 정의.
• Hydrostatics	군함 건축술과 리포트 제작 툴의 모음.
• Hydrodynamics	내항 성능 분석, 동작과 마력추정 특성의 도구를 포함.

1.1.1.3. Hull Drafting

선체 도면은 모델 데이터베이스에 있는 자료를 사용하여 도면을 생성하며, 일반적인 2D 도면 기능과 해양 도면의 특별한 수요를 만족하는 특수 목적 기능을 포함한다.

1.1.1.4. 의장(outfitting)

의장모듈에서 모델은 만들어지고 데이터베이스에 자료는 저장된다. 데이터베이스는 모델에서 모든 항목들의 3차원 설명을 포함하고 있으며, 컴포넌트 선택은 카탈로그 컴포넌트가 사용 될 수 있는지가 지시되는 설명서를 통하여 제공된다.

1.1.1.5. Outfitting Drafting

Outfitting Drafting은 도면과 주석과 치수를 생성하고 수정하는데 이용된다. 주석은 디자인 요소에 부착된 라벨 형태일 수도 있으며, 또는 도면 주석과 같은 2차원 주석의 형태일 수도 있으며, 또는 그 밖의 라인이나 도면 프레임의 형태일 수 있다. 치수는 3D 설계에서 연결되는 포인트(P-Point) 사이에 거리들을 나타낸다. 치수는 자동적으로 계산되고 도면이 업데이트 될 때마다 재계산된다.

1.1.1.6. Marine Diagram

Marine Diagram은 배관, HVAC, 케이블 Diagram의 생성을 지원한다. Marine Diagram은 AVEVA Marine의 공통 프레임워크인 GUI에 기반을 두고 있으며, Diagram 레이아웃은 마이크로소프트 오피스 Visio Drawing Control을 사용하여 생성한다.

1.1.1.7. Spooler

Spooler는 AVEVA Marine의 파이프작업 스풀링 모듈이다. Spooler는 사용자에게 파이프작업 설계를 제작을 위한 논리적인 섹션(section)인 spool로 나누는 것을 가능하게 하며, 스풀 데이터는 ISODRAFT를 사용하는 ISO 도면으로 출력된다.

1.1.1.8. Isodraft

Isodraft는 건조와 탑재 목적을 위하여 치수화된 심볼릭 파이프 ISO를 생성하며, 다양한 포맷으로 ISO 도면으로 생성할 수 있으며, 모듈의 기능들은 다음과 같다.
- 전체 재료 리스트
- 자동 스풀 식별
- 복잡한 도면의 자동 나누기
- 사용자 정의된 도면 용지
- 생산단계에서 선택될 수 있는 많은 다른 옵션

1.1.1.9. Paragon(파라곤)

Paragon은 프로젝트 데이터베이스 안에 저장된 컴포넌트(component) 카탈로그 (catalogue)를 입력하거나 수정하는데 사용된다. AVEVA Marine의 카탈로그는 사용자가 일반적인 설계 방법들을 사용하는 데 있어 제조자의 카탈로그처럼 유사한 목적을 제공한다. AVEVA Marine 컴포넌트 카탈로그는 형상과 연결 정보, 강철작업의 세부적인 자료와 장애, 배관, HAVC와 Cable Tray 컴포넌트들을 명시하는데 사용된다.

1.1.1.10. Specon

SPECON은 AVEVA Marine Specification Constructor 모듈이며, 카탈로그 데이터베이스에서 사양 요소(SPEC element)들을 생성하고 수정하는데 사용된다. 이러한 사양은 카탈로그로부터 컴포넌트들의 선택을 관리한다. 사양은 설계 작업을 하기 전에 카탈로그 DB와 함께 반드시 설치되어야 한다. SPECON은 사용자에게 새로운 사양을 입력하게 하고, 기존의 사양을 수정하게 하고, 단말기 또는 파일로 사양을 출력할 수 있다. SPECON은 사용자가 사양의 이전 버전과 존재하는 설계 데이터 사이에 호환성을 잃지 않고 사양을 변경하는 것을 가능하게 하는 기능을 제공된다. 이것은 새로운 설계에 있어 사양이 컴포넌트들을 사용하지 않게 하기 위하여 유효한 참조를 유지함으로 이루어진다.

1.1.1.11. Propcon

Propcon 모듈은 Properties 데이터베이스를 구축하는데 사용된다. 데이터베이스는 스트레스 분석 패키지뿐만 아니라 설계 데이터베이스 사용을 위한 데이터를 포함한다.

1.1.1.12. Lexicon

Lexicon 모듈은 부가적인 정보가 데이터베이스에 저장되거나 보고서나 도면으로 추출되기 위하여 AVEVA Marine 구성요소에 할당되어지는 사용자정의 속성(UDA,

User Definable Attributes)을 가능하게 한다.

1.1.1.13. Admin

AVEVA Marine을 사용하여 설계된 커다란 모델은 선박의 복잡성과 환경설정, 물리적 크기에 따라서 개별적인 영역으로(물리적 영역이거나 설계영역이던 간에) 나뉜다. AVEVA Marine은 User라 부르는 멤버와 팀들을 가지고 있다. 이러한 팀들은 소수의 사용자들로 구성될 수 있으며, 작업 영역이나 규율에 의하여 조직될 수 도 있다.

1-1-2. AM 데이터베이스

AVEVA Marine의 가장 중요한 부분은 모델 데이터를 저장하는 일련의 계층적인 데이터베이스로 구성되어 있다. 데이터베이스 시스템은 Dabacon이라 불린다. 데이터베이스들은 설계 데이터 저장을 위하여 구조화되어 있으며, 데이터베이스의 각각의 형태는 다른 데이터를 저장한다. 모델을 구성할 때 참조들은 카탈로그로 만들어지며, 카탈로그는 속성과 데이터베이스의 다른 형태를 가지고 있는 사용자 정의 속성 데이터이다. 자료가 각 규칙의 모든 사용자에게 일반화가 될 때, 사용자는 프로젝트를 위한 공통적인 자료들을 참조한다. 다른 사용자에 의하여 요구된 모델화된 설계 컴포넌트들은 각각의 사용자가 볼 수 있으며, 공통의 카탈로그들을 참조하기 위하여 속성과 사용자 정의 속성 데이터, 설계와 참조 데이터베이스들은 다중 데이터베이스(Multiple Database, MDB)로 그룹화 된다.

1-2. AVEVA Marine 의장 데이터베이스 계층구조

1-2-1. AM 의장 데이터베이스 계층구조(Hierarchy)

계층적 구조에서 모든 구성요소들은 WORLD를 제외한 다른 구성요소에 소유되며, 예를 들면 ZONE은 SITE에 소유되는데 다른 구성요소에 소유되는 구성요소들은 소유하는 구성요소의 구성원이라고 부른다. 즉 ZONE은 SITE의 구성요소의 구성원이다.

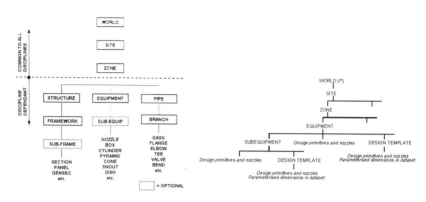

그림 1-1: 계층구조

WORLD(WORL)는 데이터베이스가 처음 만들어 질 때 WORLD라는 이름의 구성요소를 제외하고는 비어있으며, 각 데이터베이스는 계층구조에서 첫 번째 구성요소로서 자신의 WORLD 구성요소를 가진다. Site는 WORLD 아래에 있는 두 번째 레벨이다. Site는 물리적으로 결정된 크기는 필요하지 않으며 실제적인 고려가 필요한 모델 영역의 중요한 수집으로 간주된다. 그러므로 Site는 전체 프로젝트가 될 수도 있고 또는 커다란 프로젝트의 한 부분이 될 수 있다. Site 아래 레벨이 Zone이며, Zone은 물리적인 영역을 정의하는 것이 필요하지 않는다. Zone은 하나의 Zone에서 배관 시스템 같은 다른 Zone에서 장비들을 연관된 간단한 참조를 위한 항목의 형태를 저장한다. 사용자는 데이터 조직을 위하여 요구된 것으로 Site에 의하여 소유된 많은 Zone을 가질 수 있다. Site와 Zone은 모든 규칙에 대하여 공통적이며, Zone 아래의 계층구조는 규칙에 종속되며, 즉 구성요소들은 사용자가 모델링하는 곳이다.

Equipment(EQUI)들은 Primitive로 알려진 구성요소를 사용한다. 장비의 각 부분은 항목 형태에 위치를 가진 프리미티브 형상들을 포함하며, Primitive는 장비 구성요소나 서브 장비 구성요소에 의하여 직접 소유될 수도 있다.

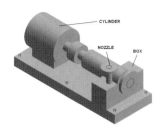

그림 1-2: 펌프 Equipment

Sub-Equipment(SUBE)는 장비를 부분으로 나누기 위하여 옵션적인 구성요소이며, 프리미티브 구성요소를 소유할 수 있다.

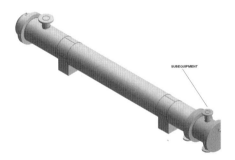

그림 1-3: SUB-EQUIPMENT

Volume(VOLM)은 Primitive를 사용하며, Volume의 각 부분은 항목 형태에 위치를 가진 소수의 프리미티브 형상들을 포함한다. Primitive는 Volume 구성요소나 서브 Volume 구성요소에 의하여 직접 소유될 수도 있다. Sub-Volume(SVOLM)은 Volume을 부분으로 나누기 위한 옵션적인 구성요소이며, 프리미티브 구성요소를 소유할 수 있다. Primitive는 기본적인 블록이며, 카탈로그의 컴포넌트를 생성하기 위한 다른 규칙들에 의하여 사용된다. Primitive에는 여러 가지 형태가 있으며, Primitive는 다른 Primitive와 조합될 때 자신의 특성을 가진 복잡한 형상들을 표현한다. Primitive는 노즐(NOZZ), 박스(BOX), 실린더(CYLI), 피라미드(PYRA) 등이 있다. Structures(STRU)는 Framework 구성요소들을 소유하기 위하여 존재하며, Structure 구성요소는 Structure들의 보고서와 모델링을 간단하게 분리한다. Framework(FRMW)는 모델에서 구조적인 컴포넌트를 저장하는데 사용되며, 복잡한 구조는 논리적인 Framework으로 나눌 수 있다. 구조를 분리하는 것은 구조적 모델링과 보고서가 Framework를 완전히 복사함으로써 좀 더 효과적으로 실행 할 수 있다.

그림 1-4: Framework

Sub-Framework(SBFR)은 구조적인 컴포넌트들을 소유하는 옵션적인 구성요소이다. Sub-Framework은 복잡한 프로젝트들을 세부적으로 나누는데 사용되며, 또는 Framework에서 세부 어셈블리들을 모델링하기 위하여 사용된다.

프로파일(profile)들은 섹션(SCTN) 구성요소에 의하여 표현된다. 여러 다양한 국가의 표준화에 따라 섹션 크기를 위한 표준 카탈로그 데이터를 참조하는 섹션(section) 사양을 사용하는데 프로파일이 사용된다. Plate의 구성요소는 판넬(PANEL) 구성요소에 의하여 표현되며, 곡선 프로파일은 일반적인 섹션(General section GENSEC) 컴포넌트를 사용하여 모델을 만든다. Pipe(PIPE)는 플로시트(flow sheet, 작업공정도)에서 선으로 간주된다. 배관은 몇 개의 끝 연결점들(end connection point)사이를 이어준다.

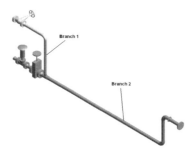

그림 1-5: Pipe

Branch(BRAN)는 시작점과 마지막 점은 알려진 배관 영역이다. 시작점은 헤드(Head), 끝점은 테일(Tail)로 불린다. 헤드와 테일들은 배관의 환경 설정에 따라서 노즐(nozzle), tees 또는 다른 헤드와 테일에 연결되며, 또는 헤드와 테일들은 열려진 채로 남아 있을 수 있다. Branch는 gasket(GASK), flanges(FLAN), tees(TEE), Valves(VALV), elbows(ELBO) 등과 같은 많고 다양한 컴포넌트들을 가진다. 이들은 형상과 브랜치의 위치와 궁극적으로 파이프라인의 형상을 만든다. 배관 컴포넌트들은 표준 카탈로그 데이터를 참조하는 배관 사양들을 사용함으로써 선택된다.

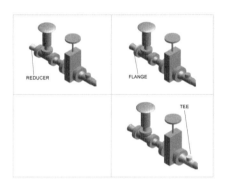

그림 1-6: 배관 컴포넌트

1-2-2. AVEVA Marine 데이터베이스

AVEVA Marine 데이터베이스 계층구조는 Design Explorer와 Member List에서 이동할 수 있다. AVEVA Marine에서 Design 모듈은 계층구조를 통하여 이동하는 두 가지 방법을 제공하며, Design Explorer와 Member List가 있다. Design Explorer는 MDB에 있는 데이터베이스 구성요소들을 나타내는 Tree View를 제공한다. Design Explorer는 메뉴에서 Display ➡ Explores ➡ Design Explorer를 선택한다. Current Element(CE)라는 표현은 design 사용자 구성요소가 현재 그 곳에 위치하고 있다는 것을 의미한다. Design Explorer의 설정은 Settings ➡ Explorer를 선택한다.

History List에서 History Add-in은 Design, Draft, Spooler와 ISOdraft의 메인 툴바에서 나타난다. History Add-in은 데이터베이스를 무시하고 Current element(CE)를 화면에 나타난다. 사용자는 구성요소 이름을 콤보 박스에 입력하는 것에 의하여 CE를 설정 할 수 있으며, 콤보 박스는 drop-down 리스트로부터 전에 입력한 구설요소들을 선택 할 수 있다. CE 히스토리를 통하여 전, 후 방향의 버튼들을 사용하여 한 번에 하나의 구성요소를 이동 할 수 있다. 또는 사용자는 전, 후 방향의 버튼에서 drop-down을 사용하여 CE History 리스트로부터 구성요소들을 선택함으로써 CE를 설정 할 수 있다.

그림 1-7: CE History 리스트

1-2-3. AVEVA Marine 데이터베이스 계층구조

모든 의장 데이터는 계층구조의 형식으로 저장된다. 의장 설계의 데이터베이스는 일반적으로 심볼 /*으로 표시되는 최상의 레벨인 World(/*)와 하위 레벨인 Site, Zone으로 구성된다. 기본적인 설정에서 장비 설계 데이터는 Zone 아래의 단지 하나의 레벨인 Equipment(EQUI)만을 가진다. 각 장비 항목의 물리적인 설계를 정의하는 데이터는 Equipment 레벨 아래에 있는 프리미티브(Primitives (Box, Cylinder, etc.))로 알려진 기본 3D 형상들의 세트에 의하여 나타낸다. 연결 점들은 노즐(Nozzles (NOZZ))로 나타낸다.

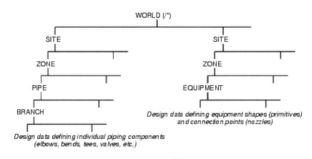

그림 1-8: 계층구조

1-2-4. World 위치

World 위치는 world에 대한 위치, 즉 절대 좌표이다. AVEVA Marine에서 각각의 구성요소는 default 방향을 가지며, 그들 모두는 X, Y, Z로 표시된 시스템 축에 대하여 특별한 방향에 위치한다.

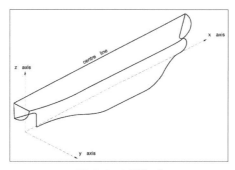

그림 1-9: 3차원 좌표

선박의 X축은 FORWORD 이며 -X측은 AFT 이다. Y축은 PORT 이며 -Y축은 STARBOARD 이다. Z축은 UP 이며 -Z축은 DOWN 이다. 또한 X는 EAST, -X축은 WEST 이다. Y축은 NORTH, -Y축은 SOUTH이다. Z축은 UP이며 -Z축은 DOWN을 나타낸다.

X = FORWORD   -X = AFT
Y = PORT   -Y = STARBOARD
Z = UP   -Z = DOWN

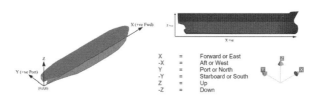

그림 1-10: 선박의 축

1-2-5. World 구성요소

WORLD 구성요소를 다음을 가진다.

- Site(SITE)
- Zone(ZONE)
- Equipment(EQUI)
- Sub-Equipment(SUBE)
- Volume(VOLM)
- Sub-Volume(SVOLM)
- Primitive

1-3. AVEVA Marine 속성

AVEVA Marine 데이터베이스에서 모든 구성요소들은 속성으로 알려진 집합을 가진다. 박스(BOX)의 크기는 X 길이, Y 길이, Z 길이로 정의되는 반면에 실린더(CYLI)는 높이와 지름 속성들을 가진다. 사용자가 구성요소를 생성할 때 속성들의 집합은 데이터베이스로 들어간다. 속성들은 구성요소의 형태에 따라 다양하지만 본질적으로 과정은 동일하다. 실린더는 다음과 같은 속성을 가진다.

속성	기본 값
이름	명시된 경우 이름, 또는 계층구조 설명
유형	CYLI
잠금	거짓 (구성요소는 잠기지 않음)
소유자	소유하고 있는 구성요소의 이름 또는 계층구조 설명
위치	N 0 mm E 0 mm U 0 mm (소유자에 관련)
방향	Y는 N과 Z는 U (소유자에 관련)
레벨	0 - 10 (표현 레벨 설정)
장애	2 (충돌 목적을 위하여 견고한 하드 구성요소)
지름	0 mm

1-3-1. 이름

AVEVA Marine에서 모든 구성요소는 이름이 주어진다. 이름을 명명하든지 아니든지 모든 구성요소는 참조 번호를 생성한 유일한 시스템을 가진다. 참조번호는 변경 할수 없으므로 내부적으로 AVEVA Marine은 참조 번호를 사용한다. 참조 번호에 대한 이름들의 테이블은 이러한 목적을 위해 유지된다. 모든 AVEVA Marine 이름들은 앞에 슬러시(/)로 시작하고 이는 이름의 일부로 간주된다. 이름은 공백을 포함할 수 없으며 대소문자를 구분한다. /YY9001A는 /YY9001a 또는 /yy9001A와 다른 이름이다. AVEVA Marine 데이터베이스에서 구성요소들은 유일하다. 그러므로 구성요소는 동일한 이름 또는 동일한 참조 번호가 있을 수 없다.

1-3-2. 유형

속성은 구성요소의 특별한 유형에 관한 것이다. EQUI는 장비 종류이다.

1-3-3. 잠금

구성요소가 변경되었는지 아닌지를 Lock 속성은 결정한다. 만일 구성요소가 잠겨 있으면 잠금이 풀릴 때까지 속성 값이 수정되는 것을 막기 위하여 잠금 속성 값을 true로 설정된다. 기본적으로 잠금은 false이다. 만일 구성요소가 잠겨 있으면 구성요소가 잠김이 풀릴 때까지 구성요소는 삭제 될 수 없다.

1-3-4. 소유자

계층 구조에서 다른 레벨들은 소유자-구성원 관계에 의하여 유지된다. CYLI가 EQUI 구성원 중에 하나 일 수 있는 동안에 EQUI는 장비의 소유자로서 Zone을 가진다. 상위 레벨에 있는 구성요소는 그 아래에 있는 구성요소들의 소유자이다. 장비(EQUI)는 프리미티브 실린더(CYLI)를 소유한다. 하위 레벨 구성요소들은 상위 구성요소의 구성원이다. EQUI는 Zone의 구성원이다.

1-3-5. 위치

데이터베이스에서 많은 항목들은 소유자와 관련한 구성요소의 위치인 위치속성을 가지고 있다. 모든 프리미티브는 원점 지점(Point of Origin)의 위치 속성을 가진다.

1-3-6. 방향(Orientation)

default로 실린더는 수직 방향으로 생성된다. 방향 속성은 축에서 어떤 각도로 변경되어 질수 있다.

1-3-7. 레벨(Level)

기본 레벨은 0부터 10까지이지만 레벨은 필요하다면 이 범위를 넘어서 설정될 수 있다. 즉 강철작업 프로파일들은 섹션 프로파일의 전체 상세에 의한 Centerline에만 의하여 표현 될 수 있다.

1-3-8. 장애(Obstruction)

장애 속성은 구성요소가 튼튼한지 아닌지 명확하게 하는데 사용된다. 장애는 장애물의 값에 따라 딱딱한, 부드러운 또는 장애가 없는 것으로서 선언될 수 있다. 딱딱한 방해물의 기본 값은 2 이며, 부드러운 방해물(통로로 사용되어, 유지 접근 등)은 기본 값이 1 이며, 그리고 0은 (구성요소들이 전체 장애물로서 작용하는 서로 다른 구성요소들과 근접하여 있을 때 계산 시간을 절약하기 위하여 사용되는) 장애물이 없는 것이다. AVEVA Marine에서 모든 프리미티브들은 0, 1 또는 2로 설정할 수 있는 장애물 조정 속성을 가지고 있다. 이것은 충돌 검사 유틸리티에 의하여 사용되며, 구성요소가 포함된 충돌의 형태를 결정하기 위하여 사용된다. 3가지 값들은 다음을 의미한다.

- OBST = 0 : 객체를 가진 어떤 충돌들은 무시된다.
- OBST = 1 : 객체는 부드러운 장애물로 간주된다.
- OBST = 2 : 객체는 딱딱한 장애물이며 고체(solid)이다.

1-3-9. 높이(Height)

높이는 실린더의 높이를 의미한다.

1-3-10. 지름(Diameter)

지름은 실린더의 지름을 의미한다.

1-3-11. UDA (User Defined Attributes)

UDA 속성 형태는 프로젝트 관리자 시스템에 의한 Lexicon 모듈을 사용하여 구성요소에 정의되고 할당된다.

: COLOUR(사용자 정의 속성)
HEIGHT(일반 속성)

1-3-12. 질의 속성(Querying Attributes)

메뉴에서 Query ➡ Attributes를 선택한다. 속성은 오른쪽 마우스를 클릭하고 Save를 선택하여 cvs파일에 저장할 수 있다.

1-3-13. 속성 유틸리티(Attributes Utility)

Design Explorer를 사용하여 속성 정보가 표시된 구성요소들을 이동한다. 구성요소를 선택하고 메뉴에서 Display ➡ Attributes Utility를 선택한다.

1-3-14. 속성 수정(Modifying Attributes)

메뉴에서 Modify ➡ Attributes 을 사용하여 수정한다. 수정 속성 메뉴는 수정을 원하는 항목 데이터베이스를 기초로 변경한다.

1-3-15. 장비 속성

사용자가 구성요소를 생성할 때, 일반적으로 사용자 속성 집합들은 위치, 방향, 크기에 관련된다. 메뉴에서 Modify ➡ Attributes하여 장비를 선택함으로 설정 할 수 있다.

1-3-16. 레벨 속성(LEVEL Attributes)

LEVEL 속성은 프리미티브가 보이는 상세한 레벨들의 영역을 정의한다. 즉 만일 사용자가 장비 항목을 형성하면 사용자는 레이어 1-3에서 프리미티브들을, 레이어 5-7에서 Base를, 레이어 8-10에서 노즐들을 표시한다. 예를 들면, Steelwork에서 사용자는 레벨 0과 5사이에서 Centerline 표현을, 레벨 6과 10사이에서 전체 섹션을 그릴 수 있다. 현재 보이는 레벨들은 메뉴에서 Settings ➡ Graphics 와 Representation 탭을 선택한다.

1-4. 의장 장비(Outfitting Equipment)

1-4-1. OUTFITTING 로그인

시작 프로그램에서 AVEVA Marine ➡ Design ➡ Marine 12.1.SP3 ➡ Outfitting을 선택한다. Outfitting login 창에서 Username EQUIP를 선택하고

MDB는 EQUIPAFT를 선택한다.

그림 1-11: OUTFITTING 로그인

1-4-2. 3D View

- Main menu: Main menu는 어플리케이션 명령(command) 메뉴들을 포함한다.
- 3D View Window: 디자인 모델이 표시되는 창이며, 수평, 수직 툴바를 가진다.
- Prompt Area: 프롬프트(prompt)가 표시된다.
- Status Area: 뷰잉(viewing) parameter 상태 정보가 표시된다. 그래픽 상호작용이 있을 때 프롬프트들이 나타난다.

메인 창의 배경 색의 변경은 View ➡ Settings를 선택한다.

1-4-3. Save work

모델에 구성요소를 첨가, 구성요소를 이동, 속성 변경, 구성요소 삭제 등 사용자가 Design 데이터베스를 변경할 때 변경한 것들은 반드시 저장해야한다. 메뉴에서 Design ➡ Save Work을 선택한다.

1-4-4. Get work

AVEVA Marine에서 설계 작업을 하는 동안 사용자가 작업하는 데이터는 Design

데이터베이스에 저장된 것 중의 하나의 복사본이다. 메뉴에서 Design ➡ Get Work를 선택하거나 Get Work 아이콘을 선택한다.

1-4-5. Claim Lists

메뉴에서 Utilities ➡ Claimlists를 선택하면 Multiwrite Claim List의 형태가 표시된다.

1-4-6. Session Comment

사용자가 Save Work이나 모듈을 변경할 때 마다, 새로운 세션은 사용자가 수정한 각각의 데이터베이스들을 위하여 생성되며, 각 세션에 대한 세션 번호, 사용자 이름과 현재 날짜들은 저장된다. 메뉴에서 Design ➡ Session Comment 선택하여 사용자는 선택적으로 주석을 추가 할 수 있다. 만일 사용자가 Utilities ➡ DB Listing 또는 Query ➡ DB Changes를 선택하면 리스트 메뉴가 나타나며, 이 메뉴에서 사용자는 이전 세션에서 데이터와 혹은 날짜를 현재 데이터와 비교하는데 사용 할 수 있으며, 부여한 속성과 구성요소들이 변경된 세션을 질문 할 수 있다.

1-4-7. Dockable Menus

일반 사용자 인터페이스 (General User Interface, GUI)는 사용자가 dock/undock을 할 수 있으며 메뉴들을 숨기고 나타나게 한다.

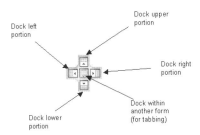

그림 1-12: Session Comment

1-4-8. Command Window

명령 창은 사용자가 메뉴를 사용하는 것 대신에 명령어를 입력할 수 있다. 메뉴에서 Display ➡ Command Line을 선택한다.

1-4-9. My Data

My Data은 그룹 데이터를 수집하는데 사용되며, 사용자는 수집한 곳에 있는 모든 항목에서 동작들을 수행 할 수 있다. 메뉴에서 Display ➡ My Data 선택한다.

1-4-10. Ships Reference System

utilities ➡ ship reference grids를 선택하면 ship reference grids가 화면에 나타난다.

- Display reference Grids for
  사용자가 3D 그래픽 창에서 주요 그리드 선들을 화면에 나타나거나 숨기게
  한다.

- Frame Gridlines　　　　XY 축에서 경도적인(직교) 그리드를 나타낸다.
- Lg(Horz) Gridlines　　　XZ 축에서 수평적인 그리드를 나타낸다.
- Lg(Vert) Gridlines　　　YZ 축에서 수직적인 그리드를 나타낸다.

- Position Grid Planes and Tags Though
  사용자가 시스템이 그리드와 tag들을 그린 것을 통하여 위치를 정의한다.
- Frame, Lg(Horz), Lg(Vert)
  시스템이 화면에 나타난 그리드를 그린 것과 그리드 tag를 그린 것을 통하여 그리드 선을
  정의한다.
- Tag everyday
  사용자가 관련된 그리드 선들을 위하여 tag들의 공간을 정의한다.

1-4-11. Query Axes

좌표축을 화면에 나타내기 위하여 유틸리티 툴바에서 CE 아이콘 위에 Display
Axes를 클릭하거나, 메뉴에서 Query ➡ Axes를 선택한다. 화면에 나타난 축에 대한
변경은 가능하며, Close 메뉴 옵션들은 표시된 축들이 남아 있는지(Retain axes) 또
는 사라졌는지(Remove axes)를 결정한다. Close ➡ Retain 메뉴를 선택한다.

1-4-12. 화면구성

OUTFITTING 화면은 Main Menu Bar, Title Bar로 구성된다.

- Main Tool Bar
  일반적인 OUTFITTING 동작들을 선택하기 위한 아이콘 버튼
- Design Explorer
  OUTFITTING 데이터베이스 계층구조에서 현재 위치를 나타낸다.
- 3D Graphical View
  디자인 모델이 그래픽으로 나타나는 화면으로 마우스 오른쪽을 클릭하면 pop-up
  메뉴가 나타나며 모델을 조정할 수 있다.
- Status Bar
  동작에 대한 현재 상태에 관한 정보를 나타낸다.

간혹 Copy, Rotate, Mirror 등 여러 작업 중에 Dismiss를 선택하지 않고 윈도우
창을 다는 경우에는 AM은 작업이 완전히 종료하지 않은 것으로 인식하여 3D-View
창에 이전의 작업 좌표들이 나타날 수 있다. 이러한 경우에는 바로 전에 작업 창을 다

시 열어 Dismiss를 선택하면 화면에 있는 좌표나 다른 표시들이 사라진다.

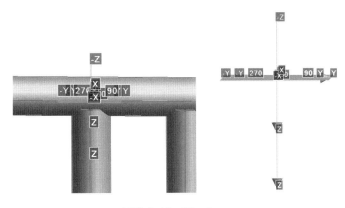

그림 1-13: Dismiss

바로 이전의 작업을 알지 못하는 경우에는 메뉴에서 Design -> Pipework을 선택하고 도구단추 Clear Dimension을 선택한다.

그림 1-14: Clear Dimensions

1-4-13. 3D View

3D 뷰 창에서 구성요소를 보기 위하여 다음 3가지를 고려하여야 한다.

- Draw List 형성
  View를 보기 위하여 어떠한 구성요소가 필요한가를 고려해야 한다.
- View Limit 설정
  3D 창에 맞게 요구된 구성요소의 크기를 고려해야 한다.

- View 방향 설정

  뷰를 보기 위하여 구성요소를 어떤 방향에서 보는지를 고려해야 한다.

1-4-14. Draw List

그래픽 3D 뷰에서 항목들이 추가되고 삭제될 때 Drawlist는 업데이트된다. 사용자는 설계 항목의 색상을 변경하거나 화면에서 색상을 삭제하기 위하여 도면 리스트를 사용한다. 작업하는 경우에 3D View 창에서 Hide하여 화면에 보이지 않는 경우에 My data 창에서 체크를 하여 다시 화면에 나타나게 할 수 있다.

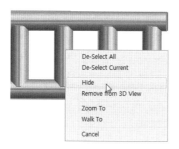

그림 1-15: Hide

Hide를 선택하면 잘못 누르는 경우에 화면에서 Equipment가 감추어진다. 메뉴에서 Display ➡ Drawlist를 선택한다. Drawlist-3D View 창에서 Display Setting의 Show를 체크하면 다시 Equipment가 나타난다.

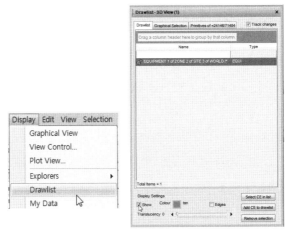

그림 1-16: Drawlist

1-4-15. View Limit

항목의 한계 또는 항목들의 선택은 뷰가 되는 항목을 캡슐화한 박스로 생각 할 수 있다.

그림 1-17: 장비의 Limit

1) Limits CE & Options

선택된 CE에 대한 뷰의 한계를 설정하며, 이는 뷰 영역에 알맞게 된다.

버튼은 간단 메뉴를 가지며, 오른쪽 마우스 버튼을 클릭한다.

2) Zoom to Selection

선택한 항목을 Zoom in 하며, 선택이 없다면 CE로 확대(Zoom in)한다.

다른 방법으로는 CE에서 간단 메뉴로부터 Zoom To를 선택한다. 확대가 보이지 않을 때는 줌 마우스로 작게 한 다음에 실행한다.

3) Walk To Draw List
현재 표시된, 즉 Draw List에서 선택한 항목을 전체 화면으로 한다.

Walk To는 Walk To가 뷰잉 한계를 설정한다는 점에서 Zoom To와 다르다.
또한 Walk To는 Eye위치와 목표 항목에 직접적으로 근접하지 않는 목표 항목
사이에서 항목들을 삭제 할 수 있다.

1-4-16. View 메뉴

View 방향 설정에 관한 메뉴는 다음과 같다.

- Look
  Look은 6개의 뷰잉 방향을 가진 서브 메뉴를 표시한다.

- Plan
  Plan은 4개의 기본적인 방향을 가진 Sub 메뉴를 표시한다. 하나의 방향을
  선택하면 화면 위쪽을 가진 선택된 기본 방향을 가진 plan view가 설정된다.

- Isomatric
  Isomatric은 4개의 이미 설정된 ISO 뷰 방향들을 포함하는 서브 메뉴를
  표시한다. 각 방향은 화면의 top left, top right, bottom left,
  bottom right를 향하는 것을 가리키는 Forward(X)에 상응한다.

1-5. 다중 3D View

1-5-1. 다중 3D View

메뉴에서 Display ➡ Graphical View를 선택하면 새로운 3D 뷰를 생성한다. window ➡ Cascade / Till Horizontal 등을 선택하여 표준 윈도우 창과 같이 크기와 형상을 수정한다. 3D 뷰는 메인 메뉴에서 Display ➡ View Control를 선택하여 3D View Control 메뉴에서 뷰를 선택하여 생성되고 삭제한다.

1-5-2. 뷰 조정

메뉴에서 View ➡ Middle Button Drag를 선택한다. 3D 뷰에서 마우스 오른쪽 버튼으로 클릭하면 간단메뉴가 나타나며, Middle Button Drag를 선택하면 서브메뉴가 나타난다. 기능키들은 Zoom, Pan, Rotate 등의 모드를 설정하며 줌 직사각형 (Zoom Rectangle)은 기능키에서 사용할 수 없다.

F1	도움말 스크린 활성화
F2	Zoom 모드 설정
F3	Pan 모드 설정
F4	모델의 평행 뷰들과 관점 뷰 사이의 전환
F5	Rotate 모드 설정
F6	Walk 모드 설정
F7	모델의 눈의 관점인지 아니면 반대인지 결정
F8	스위치 사이에 colour-shaded 이미지와 wire line 이미지 전환
F9	회전 슬라이드 설정/해제 통제
F10	ENU & XYZ 화면표시 모드 토글

3D 뷰의 왼쪽에서 아이콘들이 있으며, 아이콘을 클릭하면 모드로 설정된다.

Zoom Rectangle

3D의 뷰에서 직사각형을 확대하게 하기 위해 중간의 마우스 버튼을 사용한다. 클릭하고 항목 주위의 직사각형을 드래그하기위하여 중간 버튼을 누르고 선택한 객체들의 마우스 버튼을 놓는다.

Zoom In /Out

Zoom In /Out은 3D 뷰 확대/축소에 대한 마우스 중간 버튼을 사용한다. 마우스를 클릭하고 중간버튼을 누르고 3D 뷰 창을 위 아래로 마우스로 이동한다. CTRL 키를 누르면 속도가 빨라지며, 또는 shift 키를 누르면 천천히 줌이 된다. 또한 2가지 중간 마우스 버튼 zoom 옵션들에 있어 마우스 휠로 zoom을 수행할 수 있다. 마우스 휠을 앞으로 굴리면 확대 기능이며 그리고 마우스 휠을 뒤쪽으로 하면 축소된다.

Rotate

Rotate는 마우스 휠의 중간 버튼을 선택한다. 클릭하고 마우스 중간 버튼을 누르고 3D 뷰 창에서 마우스를 좌우로 이동한다. CTRL 키를 누르면 속도가 빨라지며, 또는 shift 키를 누르면 천천히 된다. Eye 옵션은 View ➡ Settings ➡ Eye를 선택하여 Eye를 설정한다. 기능 키 F7 또한 모델과 Eye 사이에서 토글 된다. 모델 옵션이 설정 되면 회전 중심은 3D 뷰의 중심이 된다. 회전은 3D 뷰의 오른쪽 모서리와 아래를 따라서 슬라이드를 사용하여 수행된다. Border 옵션은 View ➡ Setting ➡ Border를 선택하여 슬라이더들을 켜고 만일 옵션이 현재 체크되어 있으면 슬라이더들을 끈다. 기능 키 F9 또한 슬라이더들을 on off 한다.

Pan

Pan하기 위하여 마우스 중간 버튼으로 설정한다. 클릭하고 마우스 중간 버튼을 누르고 3D 뷰 창에서 마우스를 좌우로 이동한다. CTRL 키를 누르면 줌 속도가 빨라지며, 또는 shift 키를 누르면 천천히 된다.

Walk

Walk는 Perspective 뷰에서만 작업하는 경우 Walk through하기 위하여 마우스 중간 버튼으로 설정한다. 3D 뷰에서 Zoom to Selection 과 Walk To Draw List를 클릭하면 관련된 선택에 대한 뷰 중심이 설정된다. 뷰 중심은 서브 메뉴를 나타내기 위하여 선택된 구성요소, 그래픽적인 선택 또는 메뉴에서 View ➡ Set Center of View 또는 3D View 간단 메뉴에서 선택된 Screen Pick에서 선택한다.

1-5-3. 뷰 표현

 Clipping Options

Clipping은 사용자에게 clipping box 안에 있는 모델의 부분만을 나타나게 한다.

 Clip CE

CE를 clip 한다.

 Pick object to hide

사용자가 그래픽 뷰에서 숨기기 위한 하나의 객체를 pick한다.

1-5-4. 뷰 메뉴 옵션

Print graphics는 사용자가 3D 뷰의 내용들을 프린터로 출력하게 한다. View ➡ Print Graphics를 선택하면 표준 프린트 창이 나타나며 사용자는 프린터와 복사 수, 프린터 속성 등을 설정 할 수 있다. Copy Image는 객체들을 지원하는 다른 응용프로그램 창으로 내용들을 붙여넣기 하기 위하여 사용자가 3D 뷰 창의 내용들을 붙여넣기 버퍼 창에 복사 할 수 있다. View ➡ Copy Image를 선택하면 서브 메뉴가 나타나며 서브메뉴는 640*480에서 1600*1200까지 표준이미지 해상도를 가진다. Save view 는 사용자가 현재 3D 뷰의 상태를 저장한다. View ➡ Save View ➡ View 1 등을 선택하면 저장되어지는 4개의 뷰까지 선택하여 사용 할 수 있다. Restore view 옵션은 사용자가 4 개의 저장된 뷰들 중에 하나를 복구 할 수 있다. 만일 Save View 옵션들 중에 어떤 옵션은 선택되지 않았다면 그에 상응하는 Restore view 옵션은 회색으로 된다. View Settings는 사용자가 viewing 옵션들을 설정하고 뷰 설정들을 저장하고 복구한다. 기능키들인 단축키들은 사용이 가능하다.

View ➡ Settings ➡ Shaded를 선택하면 shaded 모드를 설정하며, 만일 옵션이 현재 체크되었으면 wire-line 모드를 설정한다. Solid shaded와 wire-line 모드들은 3D View Options 메뉴를 나타내기 위하여 메인 메뉴에서 Settings ➡ Graphics ➡ View를 선택함으로써 또는 Shaded Check Box를 체크하거나 체크하지 않음으로써 토글(toggle)된다. 함수 키 F8은 Shaded와 Wire-line 모드를 토글 한다.

View ➡ Settings ➡ Black Background/White Background를 선택한다. 만일 뷰가 프린트되거나 다른 응용프로그램으로 복사되는 경우 흰색은 배경 색상 중에 가장 좋은 선택이다. High Quality는 Design 모듈에서 고품질 이미지와 표준 품질 이미지로 토글 된다. Settings ➡ High Quality를 선택한다. Show Tooltips의 특성은 Tooltip 기능을 전환한다. 활성화된 경우. 마우스 포인터 아래에 있는 구성요소의 이름이 Tooltip에 표시된다. View ➡ Settings ➡ Show Tooltips를 선택한다. Animations는 Zoom To와 Walk To 옵션들이 사용되는 경우 3D 뷰에서 부드러운 pan(smooth pan)과 줌 동작을 토글 한다. 줌 작동은 원래의 뷰 정의에서부터 최종 뷰 정의까지의 변형을 보여주기 위하여 애니메이션 된다. 시스템이 3D 뷰에 나타내는 모델의 크기를 가진 하드웨어가 smooth pan과 줌을 실행하기에 충분한지를 결정하는 경우에만 Animations의 기능은 작동된다. View ➡ Settings ➡ Animation을 선택한다. 구성요소는 Translucency(투명도) 레벨을 가지고 표시될 수 있으며, Draw List에서부터 Draw List에 있는 한 구성 요소의 시각적인 속성들은 표시된다. 그래픽 설정은 메뉴에서 Settings ➡ Graphics 클릭하고 Colour 탭을 선택한다.

1-5-5. Graphics Settings

그래픽 설정 옵션 메뉴는 3D 그래픽, 색상 등을 default 화면표시 옵션들을 설정하는데 사용되며, 강철작업, p-선과 P-점들, 파이프 작업의 표현을 화면 표시를 설정하는데 사용된다. Settings ➡ Graphics를 선택한다.

3D 뷰에서 구성요소들의 추가적인 표현 속성들은 Representation 메뉴에서 Representation탭을 사용하여 제어된다. 사용자는 3D 모델을 여러 가지 표현들로 화면에 나타낸다. 즉 파이프작업은 centreline (single line) 혹은 tube (double line)로 나타낼 수 있다. Holes Draw 옵션은 구멍이나 cut-out 같은 primitive들을 어떻게 3D 뷰에서 표현 할 것인지를 결정한다. 만일 Holes Draw가 off이면 shaded view에서 검은 선으로 나타나며, Holes Draw가 on이면 모델 구성요소들을 자른 것으로 나타난다. Arc Tolerance 옵션은 호의 표현을 위한 공차를 설정한다. 즉 곡선의 표면의 부드러움을 표시한다. 아크 허용차 값은 텍스트 상자에 숫자를 입력하여 설정한다. 0.1의 값은 가장 부드러운 곡선을 표현한다.

1-5-6. Units Settings

Settings ➡ Units를 선택한다. 메뉴에서 거리들과 구멍들을 위하여 요구된 단위 리스트에서 표시된 선택이 나타난다.

1-5-7. Measure Distance

사용자가 Utilities 툴바에서 Measure Distance 아이콘을 선택한다. 또는 풀-다운 메뉴에서 Query ➡ Measure Distance를 선택하면 거리 측정(Measure Distance) 메뉴가 나타난다.

1-6. Primitive Elements

1-6-1. Box Element (BOX)

- Attributes:
  - Name   Name of the element
  - Position   Position
  - Orientation   Orientation

- Level
  Drawing level
- Obstruction
  Obstruction level
- Xlength
  X length, X축에 대한 평행 치수
- Ylength
  Y length, Y축에 대한 평행 치수
- Zlength
  Z length, Z축에 대한 평행 치수
- Orrf
  Origin reference (for templates)
- Tmrref
  Template Repeat Element Reference
- RepCount
  Rule Repeat Counter

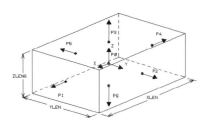

그림 1-18: BOX Element

1-6-2. Cone Element (CONE)

- Attributes:
  - Name
    Name of the element
  - Position
    Position
  - Orientation
    Orientation
  - Level
    Drawing level
  - Obstruction
    Obstruction level
  - Dtop
    Top diameter, 윗부분 표면의 지름
  - Dbottom
    Bottom diameter, 아랫부분 표면의 지름
  - Height
    Height 축 높이
  - Orrf
    Origin reference (for templates)
  - Tmrref
    Template Repeat Element Reference
  - RepCount
    Rule Repeat Counter

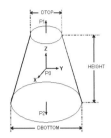

그림 1-19: Cone Element

1-6-3. Circular Torus Element (CTOR, CTORUS)

- Attributes:
    - Name   Name of the element
    - Position   Position
    - Orientation   Orientation
    - Level   Drawing level
    - Obstruction   Obstruction level
    - Rinside   Inside radius, 내부 반지름
    - Routside   Outside radius, 외부 반지름
    - Angle   Angle 범위내의 각도 (180도 보다 크면 허용되지 않음)
    - Orrf   Origin reference (for templates)
    - Tmrref   Template Repeat Element Reference
    - RepCount   Rule Repeat Counter

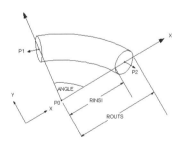

그림 1-20: CTOR Element

1-6-4. Cylinder Element (CYLI, CYLINDER)

- Attributes:
  - Name   Name of the element
  - Position   Position
  - Orientation   Orientation
  - Level   Drawing level
  - Obstruction   Obstruction level
  - Diameter   Diameter, 지름
  - Height   Height, 축의 높이
  - Orrf   Origin reference (for templates)
  - Tmrref   Template Repeat Element Reference
  - RepCount   Rule Repeat Counter

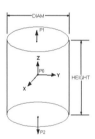

그림 1-21: CYLInder Element

원점은 box의 중심에 있고 7개의 P-Point가 있으며 P0은 원점에 있다. 실린더의 원점은 축의 중간점에 있으며 실린더의 default 방향은 Z축 위에 축을 가지고 있으며 3 개의 P-Point가 있다.

1-6-5. Dish Element (DISH)

- Attributes:
  - Name   Name of the element
  - Position   Position

- Orientation   Orientation
- Level   Drawing level
- Obstruction   Obstruction level
- Diameter   Diameter, base의 지름
- Height   Height, base 위의 dish 표면의 최대 높이
- Radius   Radius

  만일 반지름이 0로 설정되면 Dish는 구의 섹션으로
  그려진다. 만일 반지름이 0보다 크면 Dish는
  타원체의 반으로서 정의된다.
- Orrf   Origin reference (for templates)
- Tmrref   Template Repeat Element Reference
- RepCount   Rule Repeat Counter

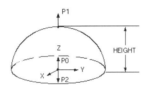

그림 1-22: Dish **Element**

Dish의 원점은 base P0의 중앙에 있으며 Z축은 base에 대하여 수직을 따라 놓여 있다.

1-6-6. Drawn Line Element (DRAWING)

DRAWI은 어디서나 일반적으로 제공되지 않는 drawing에서 심볼 혹은 형상을 생산 하기 위하여 사용될 수 있다. 예를 들면. 만일 탱크의 옆면에 칠해진 커다란 글씨들에서 회사 이름을 나타내는 것이 필요하다면, 글씨들은 탱크를 포함하는 EQUIP의 구성원들 인 DRAWI 구성요소들로서 만들어진다. 일반적으로 칼럼(column)이나 빔(beam)의 centreline를 나타내기 위하여 사용된다.

- Attributes
    - Name   Name of the element
    - Description   Description
    - Function   Function
    - Purpose   Description code word
    - Position   Position
    - Orientation   Orientation
    - Level   Drawing level
    - Skey   Symbol key
    - Lissue   True if drawing has been issued
    - Wmaximum   Maximum weld number in current spool drawing
    - Pmaximum   Maximum part number in current spool drawing
    - Smaximum   Maximum spool number in current spool drawing
    - Jmaximum   Maximum joint number in current spool drawing
    - Rev   Pipe Revision number
    - Splprefix   Spool number prefix
    - Orrf   Origin reference (for templates)

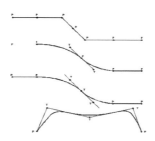

그림 1-23: DRAWI Element

DRAWI 구성요소는 Points(P), Tangent Points(T)와 Drawing들과 경계들을 위한 보이지 않는 Points(I) 사이에서 선들과 곡선들을 보여준다.

1-6-7. Extrusion Element (EXTRUSION)

EXTRUSION은 uniform cross-section의 Volume을 표현하는데 사용된다.

EXTRUSION은 주어진 거리(extrusion 두께에 상응하는)를 통하여 extrusion의 형상(Loop)을 표현하는 profile에 의하여 정의된다.

- Attributes
  - Name   Name of the element
  - Position   Position
  - Orientation   Orientation
  - Level   Drawing level
  - Obstruction   Obstruction level
  - Height   Height
  - Orrf   Origin reference (for templates)
  - Tmrref   Template Repeat Element Reference
  - RepCount   Rule Repeat Counter
  - Defining   an EXTRUsion

1-6-8. Invisible Point Element (IPOINT)

IPOINT 구성요소는 선에서 break를 허용하기 위하여 위치한다.

- Attributes
  - Name   Name of the element
  - Position   Position
  - Orrf   Origin reference (for templates)

1-6-9. Loop Element (LOOP)

LOOP는 Extrusion의 형상이나 Revolution의 솔리드를 정의하는 2D profile를 표현한다. LOOP는 Vertex(VERT) 구성요소들에 의하여 표현된 적절한 point들을 연결하는 모서리들의 집합으로서 정의된다.

- Attributes:
  - Name   Name of the element
  - Orrf   Origin reference (for templates)

1-6-10. Loop Points Element (LOOPTS)

LOOPTS 구성요소들은 Polyhedron Loop (POLOOP)의 각 vertex를 정의하는 개별적인 Point (POIN) 구성요소들에 대한 포인터들의 집합을 유지한다. 이러한 포인터들은 LOOPTS의 VXREFS 속성에 저장된다.

- Attributes:
  - Name   Name of the element
  - Orrf   Origin reference (for templates)
  - Vxrefs   Vertex reference array
  - Invisible   Visibility state

1-6-11. Polygon Element (POGON)

Polyhedron에 (또는 Ground Model) 속할 수 있으며 소유하고 있는 Volume의 면의 정의이다. 면은 면의 경계를 정의하는 point에 의하여 정의된다.

- Attributes:
  - Name   Name of the element
  - Level   Drawing level
  - Orrf   Origin reference (for templates)

그림 1-24: POGO Element

폴리곤의 외부 면이 뷰 될 때 Member List에서 point들의 순서는 point들의 시계 반대 방향과 일치해야 한다.

1-6-12. Polyhedron Element (POHEDRON)

구성요소는 많은 POLYGON (POGO) 구성원 구성요소들의 집합에 의하여 형상으로 이루어진다.

- Attributes:
  - Name   Name of the element
  - Position   Position
  - Orientation   Orientation
  - Level   Drawing level
  - Obstruction   Obstruction level
  - Orrf   Origin reference (for templates)
  - Tmrref   Template Repeat Element Reference
  - RepCount   Rule Repeat Counter

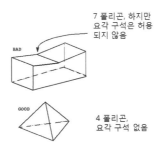

그림 1-25: POHE Element

1-6-13. Point Element (POINT)

BOUNDARY 또는 DRAWING일 때 line에서 point를 설명하기 위하여 또는

POGON 또는 POLPTL일 때 평면 형상에서 vertex를 설명하기 위하여 위치한다.

- Attributes:
    - Name   Name of the element
    - Position   Position
    - Orrf   Origin reference (for templates)

1-6-14. Polyhedron Face Element (POLFACE)

Solid Polyhedron(POLYHE) 또는 Negative Polyhedron(NPOLYH)의 면을 표현하는 Polyhedron Loop(POLOOP) 구성원들을 유지하는 관리적 구성요소이다.

- Attributes:
    - Name   Name of the element
    - Description   Description
    - Function   Function
    - Purpose   Description code word
    - Orrf   Origin reference (for templates)

1-6-15. Polyhedron Loop Element (POLOOP)

POLOOP는 Polyhedron Face (POLFAC) 형상의 모든 또는 부분을 정의하는 평면 프로파일을 표현한다.

- Attributes:
    - Name   Name of the element
    - Description   Description
    - Function   Function
    - Purpose   Description code word
    - LMirror   True if Mirroring required
    - Orrf   Origin reference (for templates)

1-6-16. Polyhedron Point List Element (POLPTLIST)

Solid Polyhedron (POLYHE) 또는 Negative Polyhedron (NPOLYH)의 Vertex들을 정의할 때 Point (POIN) 구성원들을 유지 관리하는 구성요소이다.

- Attributes:
  - Name   Name of the element
  - Orrf   Origin reference (for templates)

1-6-17. Polyhedron Element (POLYHEDRON)

Volume을 감싸는 평면(planar faces, POLFACs)들의 Vertex들을 정의하는 point들의 집합으로 3D 다면체 Volume을 표현한다.

- Attributes:
  - Name   Name of the element
  - Position   Position
  - Orientation   Orientation
  - Level   Drawing level
  - Obstruction   Obstruction level
  - Purpose   Description code word
  - Description   Description
  - Function   Function
  - Orrf   Origin reference (for templates)
  - Tmrref   Template Repeat Element Reference
  - RepCount   Rule Repeat Counter

1-6-18. Pyramid Element (PYRA, PYRAMID)

- Attributes:
    - Name   Name of the element
    - Position   Position
    - Orientation   Orientation
    - Level   Drawing level
    - Obstruction   Obstruction level
    - Xbottom   Bottom X length, X축에 대한 bottom 평행의 치수
    - Ybottom   Bottom Y length, Y축에 대한 bottom 평행의 치수
    - Xtop   Top X length, X축에 대한 top 평행의 치수
    - Ytop   Top Y length, Y축에 대한 top 평행의 치수
    - Height   Height, top과 bottom 표면 사이의 높이
    - Xoffset   X-offset, X축을 따른 축의 이동
    - Yoffset   Y-offset, Y축을 따른 축의 이동
    - Orrf   Origin reference (for templates)
    - Tmrref   Template Repeat Element Reference
    - RepCount   Rule Repeat Counter

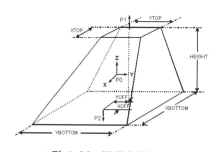

그림 1-26: PYRA Element

Pyramid의 원점은 top과 bottom 평면의 중간점을 만나는 선의 중간점에 있다. Z축은 top과 bottom 평면의 수직이다.

1-6-19. Revolution Element (REVOLUTION)

Revolution의 솔리드는 하나의 축에 대한 각도를 통하여 지속적인 cross-section 프로파일로 생성된 어떤 형상을 표현한다.

- Attributes:
  - Name   Name of the element
  - Position   Position
  - Orientation   Orientation
  - Level   Drawing level
  - Obstruction   Obstruction level
  - Angle   Angle
  - Orrf   Origin reference (for templates)
  - Tmrref   Template Repeat Element Reference
  - RepCount   Rule Repeat Counter

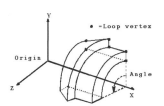

그림 1-27: Defining a Solid of REVOlution

1-6-20. Rectangular Torus Element (RTOR, RTORUS)

- Attributes:
  - Name   Name of the element
  - Position   Position
  - Orientation   Orientation
  - Level   Drawing level
  - Obstruction   Obstruction level
  - Rinside   Inside radius, 내부 반지름

- Routside   Outside radius, 외부 반지름
- Height   Height, top과 bottom 표면 사이의 높이
- Angle   Angle, 범위 안에 각도
                    (180도보다 큰 각도는 허용 안 됨)
- Orrf   Origin reference (for templates)
- Tmrref   Template Repeat Element Reference
- RepCount   Rule Repeat Counter

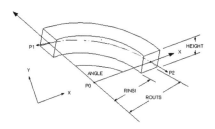

그림 1-28: RTOR Element

직사각형 torus의 원점은 RINSIDE와 ROUTSIDE 반지름들에 호의 중심에 있으며 X-Y 평면에 정의된다.

1-6-21. Slope-Bottom Cylinder Element(SLCY, SLCYLINDER)

- Attributes:
    - Name   Name of the element
    - Position   Position
    - Orientation   Orientation
    - Level   Drawing level
    - Obstruction   Obstruction level
    - Diameter   Diameter, 지름
    - Height   Height, P1과 P2 사이에서 축을 따른 높이
    - Xtshear   X top shear: inclination of top face to local X axis,
                       X축에 대한 top 면의 경사
    - Ytshear   Y top shear: inclination of top face to local Y axis
                       Y축에 대한 top 면의 경사

- Xbshear   X bottom shear: inclination of bottom face to local X axis

                 X축에 대한 bottom 면의 경사

- Ybshear   Y bottom shear: inclination of bottom face to local Y axis

                 Y축에 대한 bottom 면의 경사

- Orrf   Origin reference (for templates)

- Tmrref   Template Repeat Element Reference

- RepCount   Rule Repeat Counter

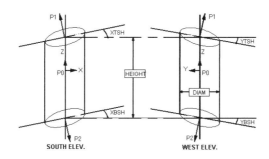

그림 1-29: SLCY Element

slope-bottom 실린더의 원점은 축의(P1과 P2 사이의 중간 길) 중심에 있으며 default 방향은 Z축 위에 축을 가진다.

1-6-22. Snout Element (SNOU)

- Attributes:
    - Name   Name of the element
    - Position   Position
    - Orientation   Orientation
    - Level   Drawing level
    - Obstruction   Obstruction level
    - Dtop   Top diameter, 맨 윗부분 표면의 지름
    - Dbottom   Bottom diameter, 맨 아랫부분 표면의 지름
    - Xoffset   X-offset, X축을 따른 축의 이동
    - Yoffset   Y-offset, Y축을 따른 축의 이동

- Height   Height, 표면 사이의 수직 거리
- Orrf   Origin reference (for templates)
- Tmrref   Template Repeat Element Reference
- RepCount   Rule Repeat Counter

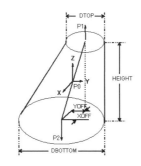

그림 1-30: SNOUT Element

Snout의 원점은 top과 bottom 표면의 중심이 만나는 선의 중간점에 있으며 Z축은 top과 bottom 표면들에 대하여 수직이다.

1-6-23. Tangent Point Element (TANPOINT)

선에서 두 개의 점들 사이에서 그려지는 smooth curve를 허용한다.

- Attributes:
  - Name   Name of the element
  - Position   Position
  - Orrf   Origin reference (for templates)

1-6-24. Vertex Element (VERTEX)

VERT 구성요소는 Loop의 각 vertex를 정의한다.

- Attributes:
  - Name   Name of the element
  - Position   Position
  - Fradius   Fillet radius
  - Bulgefactor   Bulge factor
  - Orrf   Origin reference (for templates)

1-6-25. Nozzle Element (NOZZ)

Equipment Element이며, 노즐들은 (노즐을 소유하는) EQUIPMENT(장비)와 파이프(Branch) 사이를 연결하기 때문에 디자인에서 중요하다. 노즐은 장비 부착 point로서 생각할 수 있다.

- Attributes:
  - Name   Name of the element
  - Description   Description
  - Function   Function
  - Purpose   Description code word
  - Uvweight   User entered weight value
  - Ucofgravity   User centre of gravity position
  - Uwmtxt   User weight Manager text
  - Position   Position
  - Orientation   Orientation
  - Temperature   Temperature, 정보 속성들은 관련된 온도를 가진다.
  - Pressure   Pressure, 정보 속성들은 관련된 압력 비율을 가진다.
  - Cref   Connection reference,
  - Catref   Catalogue reference
  - Height   Height, (일반적인 카탈로그 협정에 따른) 노즐 대의 높이를 통제한다.
  - Angle   Angle
  - Radius   Radius
  - Ispec   Insulation spec reference
  - Duty   Duty, 노즐에 의하여 취급되는 유체의 형태를 설명하는

12-문자 텍스트 속성이다.

- Desparam   Design parameters
- Orrf   Origin reference (for templates)
- Stmf   Template selection pointer
- Invfarray   Array of Inventory Items
- Bselector   Bolt Selector
- Inprtref   Inside paint reference
- Ouprtref   Outside paint reference

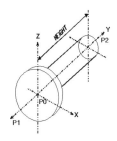

그림 1-31: NOZZle Element

2장 : 3D Aid Constructs

2-1. 3D Aid Constructs

2-1-1. 3D Aid 구성

3D Aid Constructs들은 3D 모델에서 돌출된 부분들(extrusions)이나 회전체(revolutions) 등과 같이 복잡한 geometry를 생성 할 때 도와주는 2D 그래픽이다. 3D Aid Constructs의 색상은 Colours 메뉴에서 제어되며, 메뉴에서 Settings ➡ Graphics ➡ colour를 선택하고 Aids colour를 선택한다.

2-1-2. 3D Aid Construct

메뉴에서 Utilities ➡ Constructs를 선택하면 3D Aid Constructs 메뉴가 나타난다.

2.1.2.1. Control

- List: Aid Constructors 메뉴가 나타난다.
- Save: 사용자가 파일로 저장할 수 있다.
- Load: 저장된 파일을 불러 온다.
- Close: 3D Aid Constructs 메뉴를 닫는다.

2.1.2.2. Settings

- Repeat : 메뉴에서 ON으로 설정되면 사용자는 ESC 키를 누를 때까지 구성의 같은 형태를 계속 생성할 수 있다. 옵션은 on, off로 토글 된다.
- Size : Working Point Size 메뉴가 나타난다.

2.1.2.3. Create

Create menu는 사용자가 다양한 구성 방법들을 선택 할 수 있는 서브메뉴를 가진다.

- copy: aid construct 형태에서 Copy Offset, Copy Rotate, Copy Mirror가 가능하다.
- circle: 원 구조물을 만든다.
- line: 라인 구조물을 만든다.
- work point: working point 구조물을 만든다.
- plane: plane 구조물을 만든다.
- grids: grids 구조물을 만든다.

2.1.2.4. modify

Modify menu는 사용자가 생성한 구조물을 수정할 수 있도록 한다.

2.1.2.5. delete

- pick: 삭제하기 위한 하나의 단일 구조물을 pick 할 수 있다.
- all constructs: 모든 구조물들을 삭제한다. 사용자는 확인 메뉴에서 확인 결정을 물어본다.

2.1.2.6. circle constructs

메뉴에서 Create ➡ Circle ➡ Toolbar을 선택한다.

2.1.2.7. Line Constructs

3D Aid Constructs 메뉴에서 Create ➡ Line ➡ Toolbar를 선택하면 Lines 메뉴가 나타난다.

2.1.2.8. Working Point Constructs

3D Aid Constructs에서 Create ➡ Work Point ➡ Toolbar을 선택하면 Points 메뉴가 나타난다.

2.1.2.9. Plane Constructs

메뉴에서 Create ➡ Plane ➡ Toolbar를 선택하면 Planes 메뉴가 나타난다.

2.1.2.10. Grid Constructs

메뉴에서 Create ➡ Grids ➡ Toolbar을 선택하면 Grids 메뉴가 나타난다.

2.1.2.11. Linear Grid

Linear grid는 X방향이나 Y 방향에서 심지어 spacing을 가진 선들의 그리드이며, X, Y spacing은 한 방향에서 지속된다. Linear grid button 메뉴를 선택하면 Grids 메뉴는 Reference Linear Grid 메뉴를 나타낸다.

2.1.2.12. Radial Grid

방사형 그리드는 각도들과 지름들을 가진 방사형 선과 원들의 거미줄 모양이다. grids 메뉴에서 radial grid 버튼을 선택하면 참조 radial grid 메뉴가 나타난다.

- Label, Detail

  체크 박스를 클릭하여 텍스트 Aid에서 그리드를 라벨을 정하고(label) 설명(detail)한다.

- Settings Angles

  그리드의 방사형 라인과 각도를 설정한다. 만일 각도에 대한 텍스트 박스에 각도 값을 입력하면, 동일한 각도들의 집합은 텍스트 상자에 나타난다. 각도들은 개별적으로 텍스트 상자에 입력된다.

- Settings diameters

  그리드의 원형 라인의 지름을 설정한다. 지름 값은 상자에 입력되며, 값들은 절대 값이며, 값들은 그리드의 원점에서 측정된다. 만일 값들이 숫자로 입력되면 자동적으로 정렬되며, preview 버튼을 클릭하면 화면에 나타난다.

2.1.2.13. User Grid System

Utilities ➡ User Grid System을 선택하고 Display Grid System 메뉴가 나타난다.

2-1-3. 3D Grid

3D Plant Grid를 생성하기 위하여 메뉴에서 Utilities ➡ User Grid System, Create ➡ 3D Rectangular Grid를 선택한다. Reference 3D Rectangular Grid 메뉴가 나타나면 축 라벨을 입력한다. 축 좌표는 Autofill 버튼을 클릭한다. Autofill 3D Rectangular Grid System 메뉴가 나타나며 각각의 축을 위한 간격과 offset를 입력하고 OK 버튼을 클릭한다. Reference 3D Rectangular Grid System이다. 그리드를 표시하기 위하여 Preview 버튼을 선택한다. 축 표시를 위하여 Select display axes 버튼을 선택한다. Plant Grid Axes 메뉴가 나오면 풀-다운 메뉴에서 offset이 필요한 Z축을 선택하고 OK버튼을 클릭한다.

3D Plant Grid를 만들기 위하여 Create ➡ 3D Redial Grid 선택한다. Reference 3D Radial Grid 메뉴가 나타나면 축 라벨에서 입력하고, 축 좌표들은 Autofill 버튼을 클릭한다. 메뉴에서 Display ➡ Picked position in grid Coords 를 선택하면 시스템은 사용자에게 snap 위치를 pick 하기 위하여 프롬프트 한다.

2-1-4. 3D Aid Constructs Copy

3D Aid Constructs 메뉴에서 Create ➡ Copy를 선택하면 3가지 선택을 할 수 있는 서브 메뉴가 나타난다.

2.1.4.2. Offset

Aid Copy Offset 메뉴가 나타난다.

* Graphic Aids area
  Graphic Aids area은 사용자가 복사를 원하는 Aid를 선택하는 것을 제공한다. Pick 버튼을 클릭하고, 커서로 aid를 선택하고, 선택의 끝에 ESC 키를 누른다. 선택된 aid의 수는 Selected : text에 표시된다. Clear 버튼은 활성화 될 때 섹션을 지운다. Apply 버튼은 선택이 완전히 될 때까지 회색으로 있다.
* Copy Settings area
  Copy Settings area은 사용자가 Copy 또는 Move 뿐만 아니라 복사 수를 선택할 수 있다.
* Offset Settings area
  Offset Settings area는 사용자가 offset를 선택하고 거리와 방향 또는 Cardinal offsets들을 명시하도록 한다.

2.1.4.3. Rotate

Rotate 옵션을 선택하면 Aid Copy Rotate 메뉴가 나타난다. 메뉴에서 Graphic Aid and Settings area은 회전 각도가 설정되어야만 하는 것을 제외하고는 offset와 같은 기능이다. 메뉴에서 Rotation Axes area는 사용자에게 회전축의 방향과 위치를 설정한다. 이 영역은 2개의 버튼이 있다.

1) 📐 Pick Position of Rotation
Pick Position of Rotation을 선택하면 Positioning Control 메뉴가 나타나며, 사용자가 메뉴에서 옵션을 사용하여 회전축의 원점을 설정한다.

2) ✎ Pick rotation line

Pick rotation line 버튼을 선택하면 사용자는 어떤 위치가 회전축의 원점이 되는 3D Aid를 선택한다.

2.1.4.4. Mirror

Mirror 옵션을 선택하면 Aid Copy Mirror 메뉴가 나타난다. 메뉴에서 Graphic Aid와 Settings 영역은 다중 복사를 설정할 수 없는 것을 제외하고는 Offset와 기능이 동일하다. Mirror Plane은 사용자가 mirror plane의 방향과 위치를 선택하거나 설정한다. 영역에는 두 개의 버튼을 사용한다.

1) � Pick position of mirror plane

Pick position of mirror plane을 클릭하면 Positioning Control 메뉴가 나타나며 사용자에게 메뉴의 옵션들을 사용하여 mirror plane의 원점을 명시하도록 한다.

2) ▣ Pick mirror plane

Pick mirror plane을 클릭하면 사용자가 mirror plane의 원점이 되는 위치가 되는 3D Aid를 선택하도록 한다.

2.1.4.5. 3D Aid Constructs 수정

3D Aid Constructs 메뉴에서 Modify를 선택하면 메뉴가 나타난다.

2-1-5. 3D Aid Constructs Move

Move 옵션은 offset, 회전, mirror 옵션들을 가진 서브메뉴를 표시한다. 이러한 옵션들은 aid를 offset로 이동하며, aid를 회전하며, aid를 mirror 이동하여 화면에 표시한다. 이동은 메뉴의 복사 설정에서 default이며, copy 텍스트 상자는 회색이라는 점을 제외하고는 copy 메뉴와 기능과 표시에서 모두 동일하다. Cut 옵션은 사용자가 선택한 aid를 자를 수 있다. copy 옵션은 선택한 aid를 클립보드에 복사한다. paste 옵션은 positioning control 툴바를 나타내며 사용자에게 클립보드에서 aid를 붙여넣기 하는 위치를 선택하는 것을 프롬프트 한다.

1) ✕ delete picked aid item
   사용자가 aid를 삭제한다.

2) ⚬ reposition picked aid item
   aid 항목을 picking 한 후에, positioning control 툴바가 나타나며 사용자는 옵션을 사용하여 aid 원점을 재위치 할 수 있다.

3) ◎ redefine radius of picked circle.
   circle aid를 선택한 후, positioning control 툴바가 나타나며 사용자는 그래픽으로 원의 반지름을 변경 할 수 있다. 원의 origin은 변경되지 않음을 주의한다.

4) ⇡ Extend end of the picked line
   line aid를 선택한 후, positioning control 툴바가 나타나며, 사용자에게 옵션을 사용하여 선이 확장 또는 trim 되는 위치를 설정한다. 선의 방향은 변경되지 않음을 주의한다.

Definition 옵션은 사용자가 aid 정의를 수정한다. 메뉴에서 Create ➡ Circle ➡ Toolbar를 선택하고, Circles 메뉴에서 아이콘에서 오른쪽 마우스를 클릭하면 설명이 나오며 Drived Diameter를 선택한다. 마우스로 1, 2, 3을 클릭한다. 3D aid Constructs 메뉴에서 Modify Definitions를 선택하고 선을 클릭하면 Modify Circle 창이 나타난다. Position 옵션은 사용자가 aid를 재위치를 선택하도록 한다. positioning control 툴바를 선택한 후에 나타나며, aid 원점은 그래픽으로 메뉴의 옵션들을 사용하여 재위치 할 수 있다. Radius 옵션은 사용자가 원 aid를 선택한 후에, positioning control 툴바가 나타나며 반지름은 메뉴의 옵션을 사용하여 점을 그래픽으로 picking하여 변경 할 수 있다. Extend 옵션은 사용자가 라인 aid를 선택한 후에, positioning control 툴바가 나타나며, 선은 선의 맨 끝이 통과하는, 즉 가장 가까운 선택된 점인 그래픽으로 점을 선택하여 변경될 수 있다. Project onto a plane 옵션은 working plane에서 활성화되지 않는 한, 회색으로 된다.

2-1-6. Working plane

평면이나 그리드인 Working plane은 동작 위치설정을 제어하는데 사용된다. 메뉴에서 utilities ➡ working plane을 선택한다. control 메뉴는 사용자가 메뉴를 dismiss, Close 옵션을 가진다. Define 메뉴는 다음의 옵션들을 가진다. Pick 옵션은 사용자가 존재하는 평면을 pick 하거나, 활성화된 working plane이 되는 그리드를 pick 할 수 있다. Reposition 옵션은 positioning control 툴바를 나타내고, 사용자가 옵션을 사용하고, 그래픽으로 하나의 점을 선택하여, 활성화된 working plane의 원점을 재위치 한다. Plane 옵션은 working plane 메뉴를 나타낸다. Linear grid 메뉴는 working plane을 나타낸다. linear grid 메뉴는 reference linear grid와 동일하다. 메뉴에서 OK 버튼을 클릭하면, 자동으로 Active와 visible 체크박스를 체크하면서, 활성화된 working plane으로서 정의된 평면을 설정한다. Radial Grid는 working plane을 나타내며, 이 메뉴는 reference Radial grid 와 동일하다. 메뉴에서 OK 버튼을 클릭하면 자동으로 Active와 visible 체크박스를 체크하면서, 활성화된 working plane으로서 정의된 Grid를 설정한다. Plant Grid 옵션은 working plane을 나타내며, 이 메뉴는 reference Plant grid와 동일하다. 메뉴에서 OK 버튼을 클릭하면, 자동으로 Active와 visible 체크박스를 체크하면서, 활성화된 working plane으로서 정의된 grid를 설정한다.

2-2. 3D Aid Constructs 실습(Linear Grid)

Utilities 항목 클릭 후 Constructs를 선택한다. 3D Aid Constructs 가 나타나면 하위 항목인 Create 선택 후 하위 항목 Grids ▶를 누른다. Reference Linear Grid 메뉴의 Spacing 영역에서 X,와 Y의 값을 위하여 50을 입력한다. Number of visible lines에 20을 입력하고 메뉴에서 Preview 버튼을 클릭하고 표시된 그래픽을

위하여 zoom in을 한다. 메뉴의 Orientation 영역에서 다음의 값들을 순서대로 입력한다. Z는 E를 입력하고 Return 키를 누른다. Y는 U를 입력하고 Z는 S를 기입한다. Lines 메뉴에서 Point to circle tangent 아이콘을 클릭하면 선이 생성된다. 3D Aid Constructs 메뉴에서 Modify ➡ Position을 선택하고 grid를 선택한다. Positioning Control 툴바가 Aid/Snap으로 설정되었는지 확인하고 수직 라인 aid의 위를 클릭한다. 그림에서 Position 선택 후 1과 2를 클릭한다. 다시 position 선택 후 3으로 1을 두 번 클릭한다. 그리드 원점은 선택한 점으로 재위치 된다.

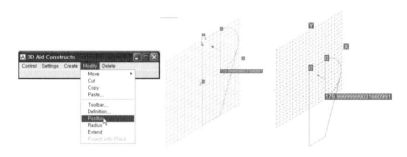

그림 2-1: Point to circle tangent

3D Aid Constructs 메뉴에서 Modify ➡ Definition을 선택하고 Number of visible lines에 22를 설정한다. 메뉴의 Orientation 영역에 순서적으로 다음을 입력한다. Y는 E를 입력하고 Z는 U를 입력하고 Return 키를 누른다,

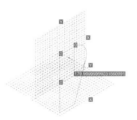

그림 2-2: Modify Definition

3D Aid Constructs 메뉴에서 Delete ➡ Pick을 선택하고 그리드를 선택하여 그리드가 삭제한다. All Constructs는 모든 Construct들을 삭제한다.

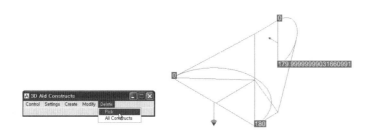

그림 2-3: Delete Construct

그래픽 사용자 인터페이스(graphical user interface, GUI)에서 aids를 삭제하기 위하여 Command Window을 열고 AID CLEAR ALL을 입력한다.

그림 2-4: Delete Construct

2-3. 3D Aid Constructs 실습(Radial Grid)

Toolbar에서 Radial을 선택한다. Angle 값에 90을 입력하고 Diameter에 20, 40, 60, 80, 100, 120을 입력하고 Preview를 선택한다. 마우스로 화면을 확대한다. iso 3을 선택한다. Toolbar에서 Linear를 선택한다. Number of visible lines에 20을 입력하고 Spacing에 X 50, Y 50을 입력하고 Preview를 선택한다. Y축에 X를 입력하고 OK를 선택한다.

그림 2-5: Linear

3장 : Volume

3-1. Volume

3-1-1. Volume

볼륨(Volume)은 사용자에 의해 의장 항목을 생성하는 3차원 모델링이다. Volume은 많은 Primitive들의 구성으로 모델링된다. Primitive는 변수들을 사용하여 만들어지는 간단한 3차원적인 형태들이다. 메뉴에서 Utilities ➡ General을 선택하면, User General Utilities 메뉴가 나타나며, Create 메뉴에서 Volume, 서브 Volume, 프리미티브들을 생성할 수 있다.

3-1-2. Volume 레벨

Used for drop down은 정의된 레벨 설정들을 선택하는데 사용된다. 레벨들은 primitive의 레벨 범위를 정의한다. 즉 사용자는 Volume을 만들고 레이어 1-3에서 primitive들을 표현하고, 레이어 5-7에서 기본들을 표현하고, 레이어 8-10에서 노즐들을 표현한다. 현재 보이는 레벨들은 메뉴에서 Settings ➡ Graphics ➡ Representation 설정한다. Datum은 P-point를 이동할 수 있다. 즉, 실린더는 원점과 두 P-Point를 가지며, 이것은 Datum이 쉽게 재배치를 하기 위한 점에서 위치된다. 위치 영역은 각각의 primitive들이 다른 구성요소(wrt)와 관련해서 위치된다. 0,0,0에서 Volume을 생성하는 것이 더 쉬우며, 나중에 재위치 한다. Align with P-point는 사용자가 다른 구성요소에서 P-point를 pick하여 CE에 Align한다.

3-2. Volume 실습

다음 Volume을 모델링한다.

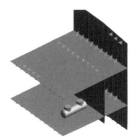

그림 3-1: Tank

Hull : ER3-FR46_1, ER3-LP32_2, ER3-LP38_2, ER3-BHDFR42_2
Tank-1 : Cylinder Height 3000, Diameter 1000
          Dish Diameter 1000, Radius 250, Height 250
HATCH-1 : Cylinder dia 800 hei 1000
HATCH-2 : Cylinder dia 800 hei 1000

Primitive 메뉴에서 Cylinder와 Dish를 생성한다.

그림 3-2: Dish

Rotate에서 -180도와 About X를 선택하고 Apply Rotation을 클릭한다.

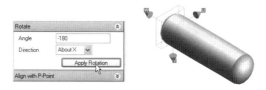

그림 3-3: Rotate

실린더를 생성한다. Position에 Y에 -800, Z에 300을 입력한다.

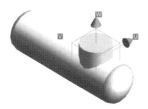

그림 3-4: Cylinder

User General Utilities 메뉴에서 Modify ➡ Primitive를 선택하여 HATCH-2
의 위치를 변경한다. primitive가 위치 변경이 완료되면 Dismiss를 클릭한다.

그림 3-5: Position

명령어 창에 /ER3-BHDFR42-2_R을 입력하고 Enter를 치면 Design Explorer
로 이동한다. 명령어 창에 /ER3-LP32-2_R을 입력하고 Enter를 치면 Design
Explorer로 이동한다. Design Explorer로 자동으로 이동되는 것을 확인하고 명령어
창에 Position X 36000mm Y -10000mm Z 11000mm을 입력한다.

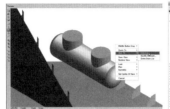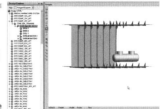

그림 3-6: Rotate

3-3. Equipment

장비는 물리적으로 실제생활의 객체들을 모델링하는 방법으로, AVEVA marine 프리미티브들로 구성된다.

3-3-1. Design Explorer

Design Explorer 창에서 장비는 장비, 노즐들로 시작하여 서브장비인 트리구조로 구성된다.

3-3-2. Equipment Toolbar

표준장비 생성

수정 속성들

수정 위치

수정 방향

Equipment 내비게이션 레벨

3-3-3. Primitives

장비를 형성하기 위하여 어떤 프리미티브를 사용할지 결정하는 것이 필요하다.

3-3-4. AVEVA Marine Names

AVEVA Marine 데이터베이스에서 어떤 구성요소도 이름을 줄 수 있다. 구성요소들의 이름은 일반적으로 Equipment, Nozzles, Pipes와 Valves와 같은 항목들의 이름을 사용할 수 없다. 새로운 이름을 입력하고 옵션에서 Re-name all을 선택하면, 동일한 이름으로 장비, 노즐들, 서브 장비들의 이름을 변경한다.

3-3-5. SITE와 ZONE

SITE는 WORLD에 소유되며 ZONE은 SITE에 소유된다. 메뉴에서 Create ➡ Site를 선택하면 Create Site 메뉴가 나타난다. 메뉴에서 Create ➡ Zone을 선택하면 Create Zone 메뉴가 나타난다.

3-3-6. Group 생성

메뉴에서 Create ➡ Group을 선택하면 Groups 메뉴가 나타난다.

3-3-7. Equipment Element

장비를 생성하기 위해서 사용자는 장비 응용프로그램을 사용하거나, 또는 명령라인에서 명령을 사용한다. 장비 응용프로그램을 사용한 장비 생성은 두 가지 방법이 있다. 사용자는 장비를 생성하기 위하여 Create ➡ Equipment를 선택하고 사용자는 장비 항목을 위하여 프리미티브들을 추가한다. 두 번째 방법으로 표준 장비는 메뉴에서 Create ➡ Standard Equipment를 선택한다.

3-3-8. Axis System (Ship coordinate System)

프리미티브를 가진 장비를 구성한 후에 사용자는 장비의 방향뿐만 아니라 장비의 프리미티브를 고려하여야 한다.

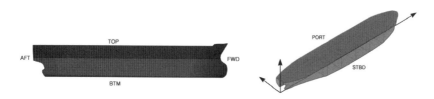

그림 3-7: Ship coordinate System

배의 앞쪽은 FWD(FORWARD)이며, 배의 뒤쪽을 AFT(AFTWARD)라고 통칭하며, 선수/선미라고 부른다. 배 아래쪽을 BTM(BOTTOM)을 부르며, 배 위쪽을 TOP으로 부fms다. 배의 진행방향을 기준으로 우현(오른쪽)을 STARBOARD(SB 또는 STBD)라 부르며, 좌현(왼쪽)을 PORT(PS)라고 한다.

3-3-9. Create Primitive

Design Explorer에서 장비를 선택하고 메뉴에서 Create ➡ Primitives를 선택한다. Primitive 메뉴는 Datum, Position, Align with P-Point 등이 있다. Used for는 이미 정의된 레벨 설정을 말한다. Levels는 프리미티브가 보이는 상세 레벨들의 영역이다. Datum 영역은 프리미티브의 기준 점(Datum point)을 잡는다. Datum 영역은 기준 점이 이동 할 수 있도록 한다. Align with P-Point는 사용자가 CE에 정렬하기 위하여 다른 구성요소에서 P-Point를 pick 할 수 있다.

3-4. Equipment 실습

다음 Equipment를 모델링한다.

Hull : ER3-FR46_1, ER3-LP32_2, ER3-LP38_2, ER3-BHDFR42_2
Tank-1 : Cylinder Height 3000, Diameter 1000
     Dish Diameter 1000, Radius 250, Height 250
HATCH-1 : Cylinder dia 800 hei 1000
HATCH-2 : Cylinder dia 800 hei 1000

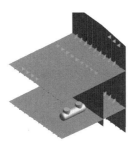

그림 3-8: Tank

 Site와 Zone을 생성한다. Equipment를 생성하고 이름을 입력하고 OK를 선택한다. Primitives 메뉴를 선택한다. Cylinder를 생성한다. Dish을 선택하고 Diameter 1000, Radius 250, Height 250을 입력하고 Create를 선택한다. Position 메뉴에서 X 0 Y 1500 Z 0을 입력한다. Command Window 창에 new cylinder dia 800 hei 1000을 입력한다.

그림 3-9: Position

Position 창에서 X 0 -Y 900 Z 300을 입력한다. Design Explorer에서 이름을 HATCH-1로 변경한다.

그림 3-10: Position

Command Window 창에 /ER3을 입력한다. Design Explorer에서 ER3-FR46_1을 로드한다. Design Explorer에서 ER3-LP32_2, ER3-LP38_2를 로드한다. ER3-BHDFR42_2를 선택하고 Command Window 창에 q pos를 입력한다. Equipment를 이동시킨다.

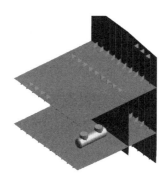

그림 3-11: Tank

4장 : Equipment Modeling

4-1. Equipment Modeling 실습 1

다음 Equipment를 모델링한다.

Cylinder Height 300, Diameter 450, Cylinder Height 300, Diameter 100
Box X 600, Y 600, Z 300, Box X 250, Y 250, Z 250
Dish Dia 250, Radius 250 Hei 100

그림 4-1: Equipment

Design 메뉴에서 Equipment를 선택한다. Primitives 메뉴를 선택한다. Cylinder
를 생성한다. Move 창에서 Direction에 Z Distance 300을 입력하고 Apply를 선택
한다. X 600, Y 600, Z 300 Box를 생성한다. Position에서 Z에 600을 입력한다.

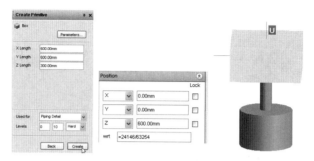

그림 4-2: Move

Dia 250, Radius 250 Hei 100의 Dish를 생성한다. Position에서 Z에 950을
입력한다.

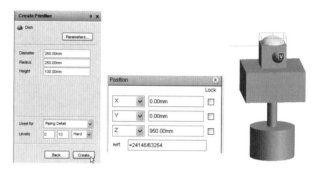

그림 4-3: Dish

BOX 1을 선택하고 복사한다. BOX 2를 선택하고 Modify Primitives를 선택한다.
Position에서 Z에 -600을 입력한다. BOX 3을 선택하고 복사한다. BOX 4를 선택하
고 Modify Primitives를 선택한다. Position에서 X 0 Y 0 Z -850을 입력한다.

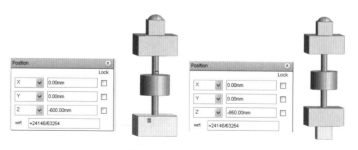

그림 4-4: Position

DISH 1을 선택하고 복사한다. DISH 2를 선택하고 Modify Primitives를 선택한다. Position에서 Z에 -950을 입력한다. Rotate를 선택하고 Angle 180 Direction V를 선택하고 Apply를 선택한다.

그림 4-5: Rotate

4-2. Equipment Modeling 실습 2

다음 Equipment를 모델링한다.

Cylinder Height 1500, Diameter 500, Dish Dia 500, Radius 150 Hei 150
Box X 500, Y 500, Z 500

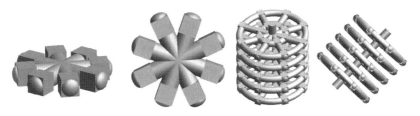

그림 4-6: Equipment

Primitives 메뉴를 선택한다. Cylinder를 생성한다. Angle 90, Direction Y를 입력하고 Apply를 선택한다.

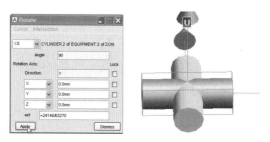

그림 4-7: Rotate

    Dish를 생성한다. Rotate 메뉴에서 Angle 90을 입력하고 Direction에 About U를 선택하고 Apply Rotation을 선택한다. DISH 1을 DISH 2로 복사한다. Rotate 메뉴에서 Angle 180을 입력하고 Direction에 About U를 선택하고 Apply Rotation을 선택한다. X 500, Y 500, Z 500의 BOX를 생성한다. Position에서 −Y에 1000을 입력한다.

그림 4-8: BOX

    DISH 1을 선택하고 Modify ➡ Primitive 메뉴에서 Position에서 X 0 −Y 1250 Z 0을 입력한다. DISH 2를 선택하고 Modify ➡ Primitive 메뉴에서 Position에서 X 0 Y 1250 Z 0을 입력한다. BOX 1을 BOX 2롤 복사한다. DISH 1을 선택하고 메뉴에서 Modify ➡ Primitives를 선택한다. Radius 150, Height 150으로 변경하고 DISH 2도 변경한다.

그림 4-9: Modify

BOX 2를 선택하고 Modify ➡ Primitives를 선택한다. Position에서 X 1000 Y 0 Z 0을 입력한다. DISH 2를 선택하고 Modify ➡ Primitives를 선택한다. DISH 2를 선택하고 복사한다. DISH 3을 선택하고 Modify ➡ Primitives를 선택한다. Position에서 Z에 -950을 입력한다. Position에서 Z에 -950을 입력한다. Rotate를 선택하고 Angle 180 Direction V를 선택하고 Apply를 선택한다. CYLI 1을 선택하고 복사한다. CYLI 2를 선택하고 Modify ➡ Primitives를 선택한다.

그림 4-10: Rotate

BOX 2를 선택하고 복사한다. BOX 3을 선택하고 Modify ➡ Primitives를 선택한다. Position에서 -X 700 -Y 700 Z 0을 입력한다. BOX 2를 선택하고 복사한다.

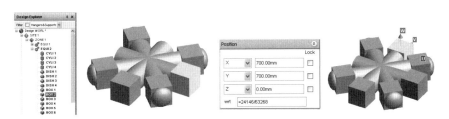

그림 4-11: Position

DISH 2를 선택하고 복사한다. DISH 3을 선택하고 Modify ➡ Primitives를 선택

한다. Position에서 -X 850, Y 850 Z 0을 입력한다. Rotate에서 Angle 180 Direction V를 선택하고 Apply를 선택한다.

그림 4-12: Rotate

DISH 7을 선택하고 복사한다. DISH 8을 선택하고 Modify ➡ Primitives를 선택한다.

그림 4-13: Modify

Position에서 -X 850, -Y 850 Z 0을 입력한다. Rotate에서 Angle 180 Direction V를 선택하고 Apply를 선택한다.

그림 4-14: Position

Circular Torus를 선택한다. Inside radius에 750, Outside Radius에 1250을 입력하고 Angle에 180을 입력하고 Create를 선택한다. CTOR 1을 복사하고 CTOR

2를 선택한다. Modify ➡ Primitive를 선택한다. Rotate에 Angle 180 Direction About W를 선택하고 Apply Rotation을 선택한다.

그림 4-15: Rotate

4-3. Equipment Modeling 실습 3

COPY Rotate를 이용하여 핸들을 모델링한다. Design Explorer에서 EQUIP을 복사하고 복사를 위한 아래의 형상만 남기고 모두 삭제한다.

그림 4-16: EQUIP

Design Explore에서 CYLI 1을 선택하고, 메뉴에서 Create ➡ Copy ➡ Rotate 를 선택한다. Design Explore에서 BOX 1을 선택하고, 메뉴에서 Create ➡ Copy ➡ Rotate를 선택한다. Design Explore에서 DISH 1을 선택하고, 메뉴에서 Create ➡ Copy ➡ Rotate를 선택한다. 메뉴에서 Number of Copies 7, Angle 45, Direction X를 입력하고 Apply를 선택한다. Confirm에서 Yes를 선택한다.

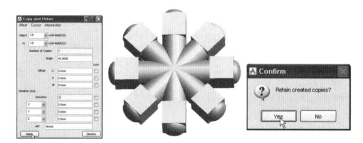

그림 4-17: Copy Rotate

4-4. Equipment Modeling 실습 4

다음 Equipment를 모델링한다.

Cylinder Height 1500, Diameter 500, Dish Dia 500, Radius 150 Hei 150

Box X 500, Y 500, Z 500, Circular Torus Angle 45

Cylinder Height 6000, Diameter 600

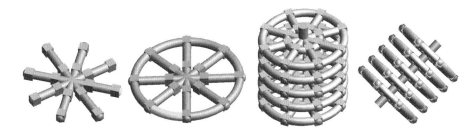

그림 4-18: Equipment

BOX 1을 선택하고 복사한다. BOX 2를 선택하고 Modify ➡ Primitives를 선택한다. Position에서 X 0 -Y 2500 Z 0을 입력한다.

그림 4-19: Position

BOX 9를 선택하고 복사한다. BOX 10을 선택하고 Modify ➡ Primitives를 선택한다. Position에서 X 0 Y 2500 Z 0을 입력한다.

그림 4-20: Position

DISH 1을 선택하고 Modify ➡ Primitives를 선택한다. Position에서 X 0 -Y 2700 Z 0을 입력한다.

그림 4-21: Position

CYLI 4를 선택하고 복사한다. CYLI 5를 선택하고 Modify ➡ Primitives를 선택한다. Position에서 -X 1200 Y 1200 Z 0을 입력한다.

그림 4-22: Position

BOX 3을 선택하고 복사한다. BOX 4를 선택하고 Modify ➡ Primitives를 선택한다. Position에서 X 1800, -Y 1800 Z 0을 입력한다.

그림 4-23: Position

BOX 11을 선택하고 복사한다. BOX 12를 선택하고 Modify ➡ Primitives를 선택한다. Position에서 -X 2800 Y 0 Z 0을 입력한다.

그림 4-24: Position

CYLI 10을 선택하고 복사한다. CYLI 11을 선택하고 Modify ➡ Primitives를 선택한다. Position에서 -X 1200 -Y 1200 Z 0을 입력한다.

그림 4-25: Position

BOX 9를 선택하고 복사한다. BOX 10을 선택하고 Modify ➡ Primitives를 선택한다. Position에서 -X 1800 -Y 1800 Z 0을 입력한다.

그림 4-26: Position

DISH 7을 선택하고 Modify ➡ Primitives를 선택한다. Position에서 X 1950 Y 1950 Z 0을 입력한다.

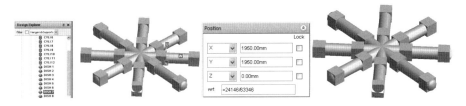

그림 4-27: Position

4-5. Equipment Modeling 실습 5

Copy Rotate 기능을 사용하여 모델링한다. EQUIP를 복사하고 복사하려는 형상으로 만든다. Design Explore에서 CYLI 2를 선택한다. 메뉴에서 Create ➡ Copy ➡ Rotate를 선택한다. Design Explore에서 CYLI 6을 선택한다. 메뉴에서 Create ➡ Copy ➡ Rotate를 선택한다. 메뉴에서 Number of Copies 7, Angle 45, Direction X를 입력하고 Apply를 선택한다. Design Explore에서 DISH 1을 선택한다. 메뉴에서 Create ➡ Copy ➡ Rotate를 선택한다. 메뉴에서 Number of Copies 7, Angle 45, Direction X를 입력하고 Apply를 선택한다.

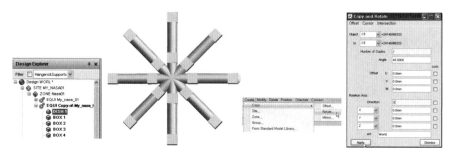

그림 4-28: Copy Rotate

Circular Torus를 선택한다. Rotate에서 Angle 90, Direction About V를 선택한다.

그림 4-29: Circular Torus

Design Explore에서 CTOR 1을 선택한다. 메뉴에서 Create ➡ Copy ➡ Rotate를 선택한다.

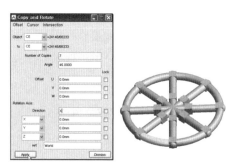

그림 4-30: Copy

4-6. Equipment Modeling 실습 6

다음 Equipment를 모델링한다.

Cylinder Height 1500, Diameter 500
Dish Dia 500, Radius 150 Hei 150, Box X 500, Y 500, Z 500

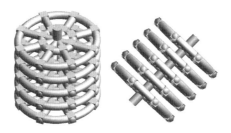

그림 4-31: Equipment

Design Explore에서 EQUI 1을 선택한다. 메뉴에서 Create ➡ Copy ➡ Offset 를 선택한다. 메뉴에서 Number of Copies 4, X 0 Y 0 Z 1000을 입력하고 Apply 를 선택한다.

그림 4-32: Copy Offset

Design Explore에서 EQUI 1을 생성한다. Primitives 메뉴에서 Cylinder를 선택 하고 Height 6000, Diameter 600을 입력하고 Create를 선택한다.

5장 : Equipment Modeling 실습

5-1. Primitive P-Point

5-1-1. Query General

사용자는 프리미티브를 만들 때 올바른지 체크하는 방법을 알아야한다. 사용자는 각 모서리와 연관된 적절한 P-Point의 위치를 확인함으로써 좌표를 체크할 수 있다. P-Point들은 box의 원점에서 떨어진 각 면의 중앙에 있으며 P0는 Box의 중심에 있다. P-Point들을 체크하는 방법은 Query ➡ General 메뉴를 사용한다. 개별적인 point들을 체크하기 위하여 P-Points 옵션을 선택한다.

5-1-2. Connect Primitive ID Point

모든 AVEVA Marine primitives는 P-Point로 미리 정의된 point들을 가진다. 사용자는 CE 위에서 P-Point와 다른 P-Point로 연결한다. Connect ➡ Primitive ➡ ID Point를 사용하여 연결한다. Connect ➡ ID Point를 선택하고 P1을 마우스로 클릭하면 화면 아래에 Pick on a point라는 설명이 나타나면 마우스를 놓는다.

그림 5-1: ID Point

5-1-3. Equipment Point

사용자는 장비의 프리미티브에 P-Point (Equipment Point)를 위치지정에 의하여 장비 구성요소를 재위치할 수 있다. 메뉴에서 Position ➡ Equipment Point ➡ At Explicit을 선택하면 장비는 새로운 위치로 이동된다.

그림 5-2: Equipment Point At Explicit

메뉴에서 Position ➡ Equipment Point ➡ At General을 선택하면 화면 프롬프트가 나타난다. At에서 ID P-Point를 선택하고 Apply 버튼을 누른다.

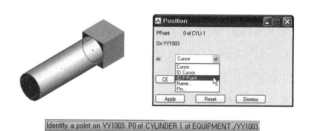

Identify a point on YY1003: P0 of CYLINDER 1 of EQUIPMENT /YY1003

그림 5-3: Equipment Point At General

메뉴에서 Position ➡ Equipment Point ➡ Through를 선택하면 화면에 프롬프트가 나타난다. Though에서 ID P-Point를 선택하고 Apply 버튼을 클릭한다.

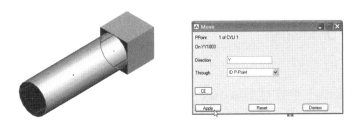

그림 5-4: Equipment Point Through

메뉴에서 Position ➡ Equipment Point ➡ Clearance를 선택하면 프롬프트가 나타난다. Move 창에서 Clearance를 200으로 Behind, ID P-Point를 선택하고 Apply 버튼을 누른다.

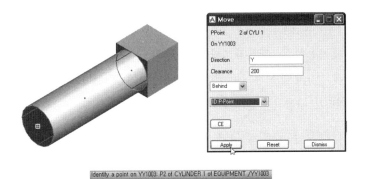

그림 5-5: Equipment Point Clearance

메뉴에서 Position ➡ Equipment point ➡ Towards를 선택하면 왼쪽 아래 화면에 프롬프트가 나타난다. Move 메뉴에서 Towards에 ID P-Point를 선택하고 Distance에 200을 선택하고 Apply 버튼을 누른다.

그림 5-6: Equipment Point Towards

5-1-4. Orientation

위치와 같이 방향 설정들은 많은 방법이 있다. Model Editor는 방향을 잡는데 더 좋은 방법이다. orientation 옵션은 application 메뉴를 사용하는데 유용하다.

Orientate ➡ Axes
Orientate ➡ Rotate
Orientate ➡ Primitive ➡ Point

Orientation Axis 옵션은 사용자가 축의 두 개의 방향을 명시함으로써 구성요소의 방향을 설정한다. CE를 위한 한계 상자는 X, Y, Z 축 방향의 표현으로 3D 뷰에서 그려진다. Orientate Rotate 옵션은 사용자가 주어진 축에 대한 명시된 각도를 통하여 회전함으로써 현재 방향과 관련된 장비 항목의 방향을 정의한다. Orientate Primitive Point 옵션은 사용자가 P-Point들 중에 하나를 방향을 설정하여 장비 항목에 프리미티브 구성원의 방향을 다시 정의한다.

5-1-5. Connect

Connect 메뉴는 일반적으로 이웃한 프리미티브에 연결함으로써 사용자가 장비 프리미티브 구성요소의 위치와 방향을 가지도록 한다.

Connect ➡ Primitive ➡ ID Point
Connect ➡ Primitive ➡ Explicit

ID Point 옵션은 사용자가 P-Point를 다른 프리미티브의 P-Point와 연결할 수 있다. 메뉴에서 Connect ➡ Primitive ➡ ID Point를 선택한다. Explicit 옵션은 사용자가 P-Point를 다른 프리미티브 중의 P-Point와 정확하게 선택하여 연결할 수 있다. Design Explorer에서 이동하고자하는 프리미티브를 선택한다. Explicit P-point

Connection 메뉴가 나타난다.

5-2. Equipment ID Point 실습 1

Cylinder를 선택하고 높이 1500, 지름 500을 입력하고 Create 버튼을 클릭한다.
Iso3을 선택하고 Primitive 창에서 Next를 누르고 Box를 선택한다. XLength에
500, YLength에 500, ZLength에 500을 입력하고 Enter를 누르고 Create 버튼을
클릭한다. Connect ➡ ID Point를 선택한다. Box의 P4를 마우스로 클릭하고 Pick
the point라는 설명이 화면 아래에 나타나면 마우스를 놓는다.

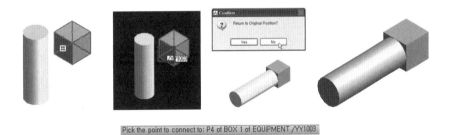

Pick the point to connect to: P4 of BOX 1 of EQUIPMENT /YY1003

그림 5-7: ID Point

5-3. Equipment ID Point 실습 2

다음 Equipment를 모델링한다.

Cylinder Height 800, Diameter 1500, BOX 500, 500, 500

그림 5-8: Equipment

Primitives 메뉴에서 Cylinder를 선택하고 Height 800, Diameter 1500을 입력하고 Create를 선택한다. Primitives 메뉴에서 Box를 선택하고 X 500, Y 500, Z 500을 입력하고 Create를 선택한다. 메뉴에서 Connect ➡ Primitive ➡ ID Point를 선택한다.

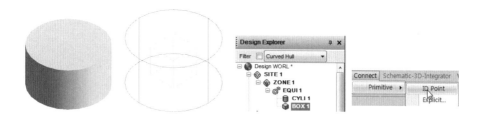

그림 5-9: ID Point

Design Explore에서 BOX 1을 선택하고, 메뉴에서 Create ➡ Copy ➡ Rotate를 선택한다. 메뉴에서 Number of Copies 3, Angle 90, Direction Z를 입력하고 Apply를 선택한다.

그림 5-10: Copy Rotate

Design Explore에서 EQUI 1을 선택하고, 메뉴에서 Create ➡ Copy ➡ Offset 을 선택한다.

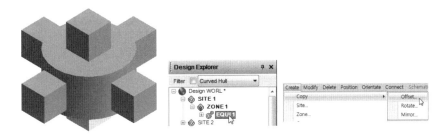

그림 5-11: Copy Offset

메뉴에서 Number of Copies 1, Offset에서 U 0 V 0 W 1800을 입력하고 Apply를 선택한다. Confirm에서 Yes를 선택한다. Dismiss를 선택한다.

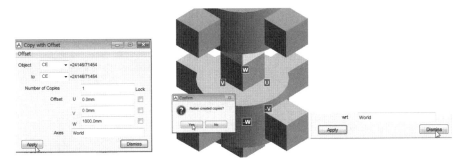

그림 5-12: Copy Offset

5-4. Equipment ID Point 실습 3

다음 Equipment를 모델링한다.

Box X 1000, Y 1000, Z 1000, Cylinder Height 600, Diameter 400
Snout Top Dia 600, Bottom Dia 400 Hei 300, Dish Dia 600, Heiht 300

그림 5-13: Equipment

X 1000, Y 1000, Z 1000 BOX를 생성한다. Height 600, Diameter 400 Cylinder를 생성한다. CYL 1을 선택하고 메뉴에서 Connect ➡ Primitive ➡ ID Point를 선택하고 실린더 P-Point를 선택한다. Top Dia 600, Bottom Dia 400, Height 300 Snout를 생성한다. Position 메뉴에서 Z 1500을 입력한다.

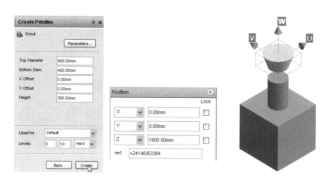

그림 5-14: Snout

Dia 600, Heiht 300 DISH를 생성한다. Position 메뉴에서 Z 2000을 입력한다.

DISH 1을 선택하고 메뉴에서 Connect ➡ Primitive ➡ ID Point를 선택하고
DISH 1 P-Point를 선택한다.

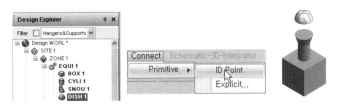

그림 5-15: ID Point

DISH 1을 선택하고 Modify ➡ Primitives를 선택한다. Rotate에서 Angle 180,
Direction About V를 선택한다.

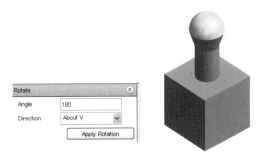

그림 5-16: Rotate

5-5. Equipment ID Point 실습 4

다음 Equipment를 모델링한다.

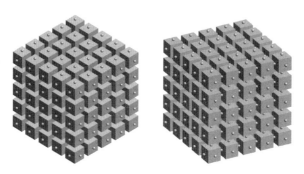

그림 5-17: Equipment

Box는 500, 500, 500이며, Dish는 dia 50, radius 0, height 100이다.
Design Explorer에서 EQUI를 선택하고 메뉴에서 Create ➡ Primitive를 선택한
다. Primitives 메뉴에서 Box를 선택하고 X 500, Y 500, Z 500을 입력하고
Create를 선택한다. Primitives 메뉴에서 Dish를 선택하고, Diameter 50, Radius
0, Height 100을 입력하고 Create 버튼을 클릭한다. Position에서 X 0, Y 0, Z
250을 입력한다. Design Explorer에서 DISH 1을 선택하고 메뉴에서 Create ➡
Copy ➡ Rotate를 선택한다. 메뉴에서 Number of Copies에 4, Angle 90,
Direction은 X를 입력한다. Confirm 창에서 Yes를 선택한다.

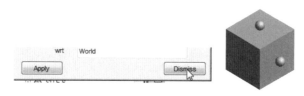

그림 5-18: Dismiss

Design Explorer에서 DISH 1을 선택하고 메뉴에서 Create ➡ Copy ➡ Rotate

를 선택한다.

그림 5-19: Equipment

Design Explorer에서 EQUI 1을 선택하고 메뉴에서 Create ➡ Copy ➡ Offset
을 선택한다. Design Explorer에서 EQUI 2를 선택하고 메뉴에서 Create ➡ Copy
➡ Offset을 선택한다. 메뉴에서 Number of Copies에 4, Offset X 700 Y 0 W 0
을 입력하고 Apply를 선택한다. Confirm에서 Yes를 선택하고 Dismiss를 선택한다.

그림 5-20: Confirm

Design Explorer에서 EQUI 5를 선택하고 메뉴에서 Create ➡ Copy ➡ Offset
을 선택한다.

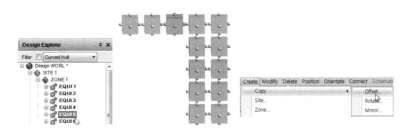

그림 5-21: Offset

메뉴에서 Number of Copies에 4, Offset X 0 Y 0 W -700을 입력하고 Apply
를 선택한다. Confirm에서 Yes를 선택하고 Dismiss를 선택한다.

그림 5-22: Dismiss

Design Explorer에서 EQUI 4를 선택하고 메뉴에서 Create ➡ Copy ➡ Offset
을 선택한다.

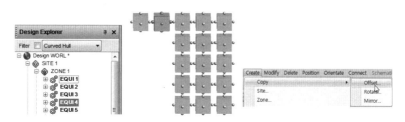

그림 5-23: Offset

메뉴에서 Number of Copies에 4, Offset X 0 Y 0 W -700을 입력하고 Apply
를 선택한다. Confirm에서 Yes를 선택하고 Dismiss를 선택한다.

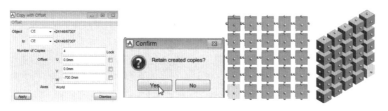

그림 5-24: Confirm

Design Explorer에서 EQUI 2를 선택하고 메뉴에서 Create ➡ Copy ➡ Offset
을 선택한다.

그림 5-25: Offset

메뉴에서 Number of Copies에 4, Offset X 0 Y 0 W 700을 입력하고 Apply를
선택한다. Confirm에서 Yes를 선택하고 Dismiss를 선택한다.

그림 5-26: Offset

같은 방법으로 복사한다.

그림 5-27: Copy Offset

Design Explorer에서 EQUI 43을 선택하고 메뉴에서 Create ➡ Copy ➡ Offset
을 선택한다.

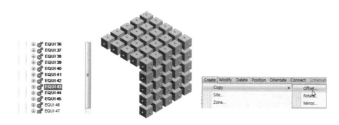

그림 5-28: Copy

메뉴에서 Number of Copies에 4, Offset X 0 Y 700 W 0을 입력하고 Apply를
선택한다. Confirm에서 Yes를 선택하고 Dismiss를 선택한다.

그림 5-29: Copy Offset

같은 방법으로 복사한다.

그림 5-30: Copy

동일한 방법으로 모양을 완성시킨다.

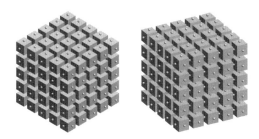

그림 5-31: Equipment

5-5-1. 실습 1

하나하나씩 복사하여 이동시킨다.

5-5-2. 실습 2

사이트로 복사한다. Design Explorer에서 ZONE 1을 선택하고 메뉴에서 Create ➡ Copy ➡ Offset을 선택한다. 메뉴에서 Number of Copies에 4, Offset X 700 Y 0 W 0을 입력하고 Apply를 선택한다. Design Explorer에서 SITE 1을 선택하고 메뉴에서 Create ➡ Copy ➡ Offset을 선택한다. 메뉴에서 Number of Copies에 4, Offset X 0 Y 700 W 0을 입력하고 Apply를 선택한다. Confirm에서 Yes를 선택하고 Dismiss를 선택한다.

그림 5-32: Copy Offset

5-6. Equipment ID Point 실습 5

다음 Equipment를 모델링한다.

Cylinder Height 10000, Diameter 600,
Cylinder Height 2000, Diameter 600, distance 2250, 1150, 1500

그림 5-33: Equipment

Primitives에서 Cylinder를 선택하고 Height 10000, Diameter 600을 입력하고
Create 버튼을 클릭한다. Cylinder를 복사한다. CYL 2 Attribute에서 X 0 Y 0 Z
2250을 입력한다. Primitives에서 Cylinder를 선택하고 Height 2000, Diameter
600을 입력하고 Create 버튼을 클릭한다.

그림 5-34: Cylinder

Position에서 X 0 Y 0 Z 1150을 입력한다. Next를 선택한다.

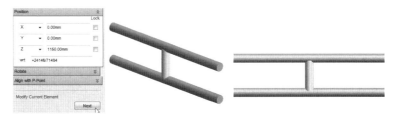

그림 5-35: Position

메뉴에서 Create ➡ Copy ➡ Offset을 선택한다. 메뉴에서 Number of Copies에
3, Offset X 0 Y 1500 W 0을 입력하고 Apply를 선택한다. Confirm에서 Yes를
선택하고 Dismiss를 선택한다.

그림 5-36: Offset

5-7. Equipment ID Point 실습 6

다음 Equipment를 모델링한다.

BOX X 2000, Y 100, Z 500
Circular Torus Inside radius 800, Outside radius 1000, Angle 180
Circular Torus Inside radius 100, Outside radius 250, Angle 180

그림 5-37: Equipment

Primitives 메뉴에서 Box를 선택하고 X 2000, Y 100, Z 500을 입력하고 Create를 선택한다. Primitive 메뉴에서 Circular Torus를 선택한다. Inside radius 800, Outside radius 1000을 입력한다. Angle 180을 입력하고 Create를 선택한다. Rotate에서 Angle 90을 입력하고, Direction About U를 선택한다. Position에서 X 0, Y 0, Z 250을 입력한다. Next를 선택한다.

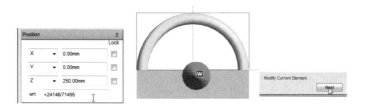

그림 5-38: Position

CTOR 1을 선택하고 메뉴에서 Create ➡ Copy ➡ Mirror를 선택한다. Mirror 창에서 Direction -Z를 입력하고 Apply를 선택한다. Primitive 메뉴에서 Circular Torus를 선택한다. Inside radius 100, Outside radius 250을 입력한다. Angle 180을 입력하고 Create를 선택한다.

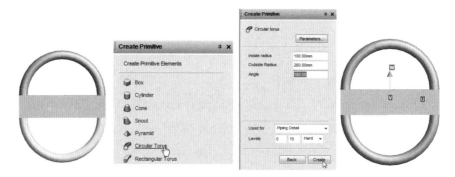

그림 5-39: Circular Torus

Position에서 X 1000, Y 0, Z 250을 입력한다. Rotate에서 Angle 90을 입력하고, Direction About V를 선택한다.

그림 5-40: Position

Rotate에서 Angle 90을 입력하고, Direction About U를 선택한다.

그림 5-41: Rotate

Design Explorer에서 CTOR 2를 선택하고 Create ➡ Copy ➡ Mirror를 선택한다. Mirror 창에서 Direction -X를 입력하고 Apply를 선택한다. Confirm 창에서 Yes를 선택한다. Dismiss를 선택한다.

그림 5-42: Mirror

5-8. Equipment ID Point 실습 7

다음 Equipment를 모델링한다.

Cylinder Height 800, Diameter 1500, Cylinder Height 300, Diameter 100, Cylinder Height 30, Diameter 150

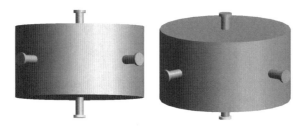

그림 5-43: Equipment

Cylinder Height 800, Diameter 1500을 생성한다. Cylinder Height 300, Diameter 100을 생성한다. Position에서 Z 400을 입력한다. Cylinder Height 30, Diameter 150을 생성한다. Position에서 Z 550을 입력한다.

그림 5-44: Cylinder

CYL 1을 선택한다. 메뉴에서 Connect ➡ Primitive ➡ ID Point를 선택하고 CYL 1 P-Point를 선택한다. CYL 2의 P-Point를 선택한다.

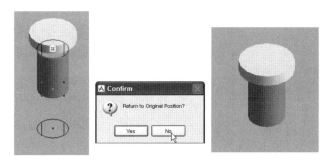
그림 5-45: P-Point

CYL 2를 복사하고 CYL 3을 선택한다. 메뉴에서 Connect ➡ Primitive ➡ ID Point를 선택하고 CYL 3 P-Point를 선택한다.

그림 5-46: ID Point

CYL 3 Modify ➡ Primitives를 선택한다. Position에서 X 0 Y 0 -Z 450을 입력한다.

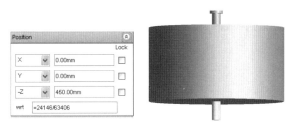
그림 5-47: Position

CYL 2를 복사하고 CYL 3을 선택한다. 메뉴에서 Connect ➡ Primitive ➡ ID Point를 선택하고 CYL 3 P-Point를 선택한다.

그림 5-48: ID Point

CYL 3 Modify ➡ Primitives를 선택한다. Position에서 -Y 800을 입력한다.

그림 5-49: Modify

CYL 3 Modify ➡ Primitives를 선택한다. Position에서 -X 800을 입력한다.

그림 5-50: Modify

CYL 1을 복사하고 CYL 2를 선택한다. 메뉴에서 Connect ➡ Primitive ➡ ID Point를 선택하고 CYL 2 P-Point를 선택한다.

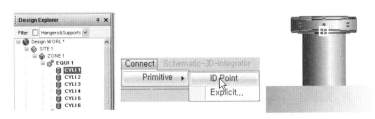

그림 5-51: ID Point

CYL 1을 복사하고 CYL 2를 선택한다. 메뉴에서 Connect ➡ Primitive ➡ ID Point를 선택하고 CYL 2 P-Point를 선택한다. CYL 5의 P-Point를 선택한다. Confirm에서 No를 선택하여 결합한다.

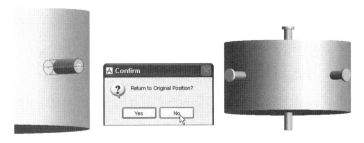

그림 5-52: P-Point

CYL 1을 복사하고 CYL 2를 선택한다. 메뉴에서 Connect ➡ Primitive ➡ ID Point를 선택하고 CYL 2 P-Point를 선택한다.

그림 5-53: ID Point

CYL 8의 P-Point를 선택한다. Confirm에서 No를 선택하여 결합한다.

그림 5-54: P-Point

5-9. Equipment ID Point 실습 8

Copy를 사용하여 모델링한다. Cylinder Height 800, Diameter 1500을 생성한다. Cylinder Height 300, Diameter 100을 생성한다. Position에서 Z 400을 입력한다. Cylinder Height 30, Diameter 150을 생성한다. Position에서 Z 550을 입력한다. Design Explorer에서 CYL 2를 선택하고 Create ➡ Copy ➡ Mirror를 선택한다.

그림 5-55: Mirror

Mirror 창에서 Direction -Z를 입력하고 Apply를 선택한다. Confirm 창에서 Yes를 선택한다. Dismiss를 선택한다.

그림 5-56: Mirror

Design Explorer에서 CYL 4를 선택하고 Create ➡ Copy ➡ Mirror를 선택한
다.

그림 5-57: Mirror

Mirror 창에서 Direction -Z를 입력하고 Apply를 선택한다. Confirm 창에서 Yes
를 선택한다. Dismiss를 선택한다.

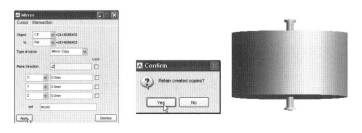

그림 5-58: Mirror

Design Explorer에서 CYL 2를 선택하고 복사한다. CYL 3을 선택하고 메뉴에서
Connect ➡ Primitive ➡ ID Point를 선택한다.

그림 5-59: ID Point

Design Explorer에서 CYL 2를 선택하고 Measure Distance 아이콘을 선택한다.
Measure Distance 창에서 마우스로 pick한다.

그림 5-60: Measure Distance

Distance 창에서 Distance를 확인한다.

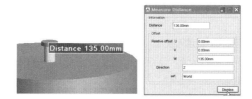

그림 5-61: Measure Distance

Design Explorer에서 CYL 3을 선택하고 Modify ➡ Primitive를 선택한다.

그림 5-62: Modify

메뉴에서 Height 300, Diameter 100을 입력한다. CYLI 3의 Height는 300 이
므로 300 -135 = 165 mm이다. Position에서 X 0 Y 900 Z 0을 입력한다.

그림 5-63: Position

Position에서 900 mm 이므로 900 - 165 = 735 mm 로 수정한다. Position에
서 X 0 Y 735 Z 0을 입력한다.

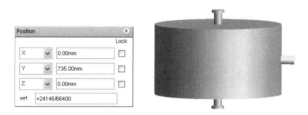

그림 5-64: Position

Design Explorer에서 CYLI 3을 선택하고 메뉴에서 Create ➡ Copy ➡ Rotate
를 선택한다. Design Explorer에서 CYLI 8을 선택하고 복사한다.

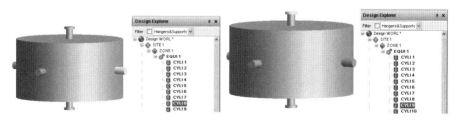

그림 5-65: Copy

Design Explorer에서 CYLI 9를 선택하고 메뉴에서 Connect ➡ Primitive ➡
ID Point를 선택하고 CYL 9의 P-Point를 선택한다.

그림 5-66: ID Point

Design Explorer에서 CYLI 9를 선택하고 메뉴에서 Create ➡ Copy ➡ Rotate 를 선택한다. 메뉴에서 Number of Copies에 3, Angle 90, Direction Z를 입력하고 Apply를 선택한다. Confirm에서 Yes를 선택하고 Dismiss를 선택한다.

그림 5-67: Rotate

6장 : Equipment Pump, Heat Exchanger

6-1. NOZZLE

다음 NOZZLE을 생성한다.

Cylinder Height 500, Dia 300
NOZZLE 1: DICHTFLACHE C, DICHTFLACHE C, ND-16 RF, Normal Bore 25,
Height 75 NOZZLE

그림 6-1: NOZZLE

Height 500, Dia 300 Cylinder를 생성한다. Dia 300, Height 100, Radius 0 Dish를 생성한다. DISH 1의 P-Point와 CYLI 1의 P-Point를 선택하여 snap한다. DISH 1을 복사하고 DISH 2를 선택한다. 메뉴에서 Connect ➡ Primitive ➡ ID Point를 선택하고 DISH 2 P-Point를 선택한다.

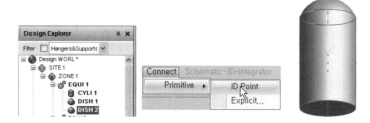

그림 6-2: ID Point

Modify ➡ Primitive 메뉴에서 Rotate Angle 180 Direction About V를 선택하고 Apply Rotation을 선택한다.

그림 6-3: Rotate

DICHTFLACHE C, DICHTFLACHE C, ND-16 RF, Normal Bore 25, Height 75 NOZZLE을 생성한다. 메뉴에서 Create ➡ Nozzles를 선택하고 NOZZLE Type을 선택한다.

그림 6-4: Nozzles

DICHTFLACHE C, ND-16 RF, Normal Bore 25를 선택하고 Apply를 선택한다. Dismiss를 선택한다. Height 75를 입력하고 Apply를 선택한다. Dismiss를 선

택한다.

그림 6-5: Nozzles

NOZZ 1을 선택한다. 메뉴에서 Walk To, Selection을 선택한다. 메뉴에서
Connect ➡ Primitive ➡ ID Point를 선택하고 NOZZ 1 P-Point를 선택한다.

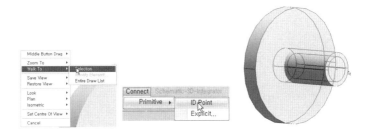

그림 6-6: ID Point

메뉴에서 Modify ➡ Attributes를 선택한다. Position WRT Owner에서 X 0 Y
0 Z 400을 입력한다.

그림 6-7: Attributes

6-2. Equipment PUMP 실습 1

다음 EQUIPMENT를 모델링한다.

BOX X 1500 Y 500 Z 100, BOX X 80, Y 250, Z 250,
BOX X 250, Y 300, Z 270
Cylinder Height 80, Dia 200, Cylinder Height 450, Dia 300
Cylinder Dia 100, Height 150, Cylinder Height 50, Dia 170
Dish Dia 300, Height 60, Radius 0
NOZZLE FLANGED NOZZLE DIN2635 PN40 RF, Bore 100, Height 150

그림 6-8: PUMP

X 1500 Y 500 Z 100 BOX를 생성한다. Height 80, Dia 200 Cylinder를 생성한다. Position 메뉴에서 X 540, Z 335를 입력한다. X 80, Y 250, Z 250 BOX를 생성한다. Position 메뉴에서 Z 200을 입력한다. BOX1의 Z는 Z length 250 + Position 200 = 450 mm이다. BOX 1을 선택한다. 메뉴에서 Connect ➡ Primitive ➡ ID Point를 선택하고 BOX 1 P-Point를 선택한다.

그림 6-9: ID Point

또는 BOX 1을 선택한다. 메뉴에서 Connect ➡ Primitive ➡ ID Point를 선택하고 BOX 1 P-Point를 선택한다.

그림 6-10: ID Point

메뉴에서 Modify ➡ Primitive를 선택한다. X 250, Y 300, Z 270 BOX를 생성한다. Position 메뉴에서 -X 280, Z 180을 입력한다. Z = 450 - 270 = 180 mm 이다.

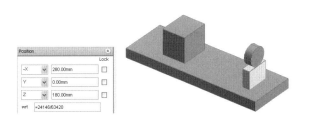

그림 6-11: Position

Height 450, Dia 300 Cylinder를 생성한다. CYL 1을 선택한다. 메뉴에서 Connect ➡ Primitive ➡ ID Point를 선택하고 CYL 1 P-Point를 선택한다.

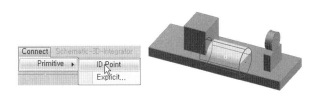

그림 6-12: ID Point

CYL 2를 선택하고 메뉴에서 Modify ➡ Primitive를 선택한다.

그림 6-13: Modify

Position에서 X 280 Y 0 Z 350을 입력한다.

그림 6-14: Position

Dia 300, Height 60, Radius 0 Dish를 생성한다. Rotate 메뉴에서 Angle 90 Direction About V를 선택하고 Apply Rotation을 선택한다.

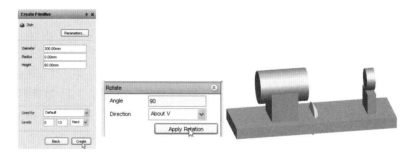

그림 6-15: Dish

Connect ➡ Primitive ➡ ID Point를 선택한다. CYLI 1의 P-Point를 선택한다. Confirm에서 No를 선택하여 결합한다.

그림 6-16: Confirm

Modify ➡ Primitive 메뉴에서 Rotate Angle 180 Direction About V를 선택하고 Apply Rotation을 선택한다.

그림 6-17: Rotate

DISH 1을 복사하고 DISH 2를 선택한다. 메뉴에서 Connect ➡ Primitive ➡ ID Point를 선택하고 DISH 2 P-Point를 선택한다.

그림 6-18: ID Point

Dia 100, Height 150, Cylinder를 생성한다. 생성한 CYLI 1을 선택한다. 메뉴에서 Connect Primitive ID Point를 선택하고 DISH 1 P-Point를 선택한다. CYLI 1을 선택한다. 메뉴에서 Connect ➡ Primitive ➡ ID Point를 선택하고 CYLI 1 P-Point를 선택한다. DISH 1의 P-Point를 선택한다. Confirm에서 No를 선택하여 결합한다.

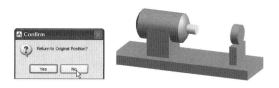

그림 6-19: Confirm

Modify ➡ Primitive 메뉴에서 Position에 X 50 Y 0 Z 350으로 수정한다.

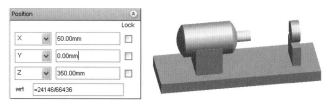

그림 6-20: Position

Top Dia 200, Bottom Dia 100, Height 379, Snout를 생성한다. 생성한 SNOU 1을 선택한다. 메뉴에서 Connect Primitive ID Point를 선택하고 SNOU 1 P-Point를 선택한다. CYLI 1의 P-Point를 선택한다. Confirm에서 No를 선택하여 결합한다.

그림 6-21: Confirm

CYLI 2를 선택한다. 메뉴에서 Connect ➡ Primitive ➡ ID Point를 선택하고 CYLI 2 P-Point를 선택한다.

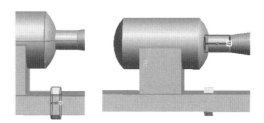

그림 6-22: ID Point

CYLI 2를 선택한다. 메뉴에서 Connect ➡ Primitive ➡ ID Point를 선택하고
CYLI 2 P-Point를 선택한다.

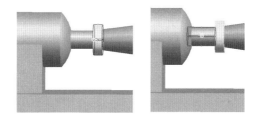

그림 6-23: ID Point

FLANGED NOZZLE DIN2635 PN40 RF, Bore 100, Height 150 NOZZLE
을 생성한다. 메뉴에서 Create ➡ Nozzles를 선택하고 NOZZLE Type을 선택한다.

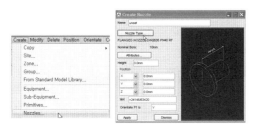

그림 6-24: NOZZLE

FLANGED NOZZLE DIN2635 PN40 RF, Normal Bore 100을 선택하고
Apply를 선택한다. Dismiss를 선택한다. Height 150을 입력하고 Apply를 선택한

다. Dismiss를 선택한다.

그림 6-25: NOZZLE

NOZZ 1을 선택한다. 메뉴에서 Connect ➡ Primitive ➡ ID Point를 선택하고 NOZZ 1 P-Point를 선택한다.

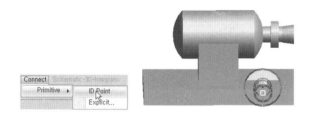

그림 6-26: ID Point

CYLI 4의 P-Point를 선택한다. Confirm에서 No를 선택하여 결합한다.

그림 6-27: Confirm

6-3. Equipment PUMP 실습 2

다음 펌프를 모델링한다.

BOX X 1700 Y 800 Z 150, BOX X 300 Y 250 Z 300
BOX X 150 Y 700 Z 300, Cylinder Height 450, Dia 300
Cylinder Height 250, Dia 400, Cylinder Height 850, Dia 50
Cylinder Height 30, Dia 100, Dish Dia 300, Height 50, Radius 0
Cone Top Dia 250, Bottom Dia 400, Height 100
NOZZLE FLANGED NOZZLE DIN2635 PN40 RF, Bore 80, Height 300

그림 6-28: PUMP

X 1700 Y 800 Z 150 BOX를 생성한다. X 300 Y 250 Z 300 BOX를 생성한다. Height 450, Dia 300 Cylinder를 생성한다. 메뉴 창이 열린 상태에서 CYLI 1의 P-Point를 선택하고 BOX 2의 P-Point를 선택한다.

그림 6-29: ID-Point

Dia 300, Height 50, Radius 0 Dish를 생성한다. Rotate 메뉴에서 Angle 90 Direction About V를 선택하고 Apply Rotation을 선택한다. DISH 1의 P-Point

와 CYLI 1의 P-Point를 선택하여 snap한다. DISH 1을 복사하고 DISH 2를 선택한다. 메뉴에서 Connect ➡ Primitive ➡ ID Point를 선택하고 DISH 2 P-Point를 선택한다.

그림 6-30: ID-Point

Modify ➡ Primitive 메뉴에서 Rotate Angle 180 Direction About V를 선택하고 Apply Rotation을 선택한다. X 150 Y 700 Z 550 BOX를 생성한다. Position 메뉴에서 X 640, Y 0, Z 320을 입력한다.

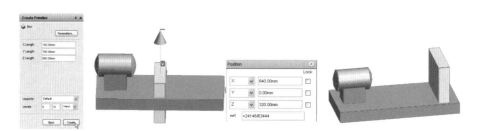

그림 6-31: Position

Height 250, Dia 400 Cylinder를 생성한다. CYLI 1의 P-Point를 선택하고 BOX 3의 P-Point를 선택하여 snap 한다. Top Dia 250, Bottom Dia 400, Height 100 Cone를 생성한다. Position 메뉴에서 Z 500을 입력한다. Rotate에서 Angle 90, Direction About V를 선택하고 Apply Rotation을 선택한다. CONE 1의 P-Point를 선택하고 CYLI 1의 P-Point를 선택하여 snap 한다. Snap한 상태에서 CONE 1의 P-Point를 선택하고 snap한다. Position은 X 815, Y 0, Z 595 이다.

그림 6-32: ID-Point

Design Explorer 메뉴에서 CONE 1을 선택한다. Modify ➡ Primitive 메뉴에서 Position X 815 Y 0 Z 400을 입력한다.

그림 6-33: Modify

Height 850, Dia 50 Cylinder를 생성한다. Rotate 메뉴에서 Angle 90 Direction About V를 선택하고 Apply Rotation을 선택한다. Position X 0 Y 0 Z 400을 입력한다.

그림 6-34: Position

Height 30, Dia 100 Cylinder를 생성한다. Rotate 메뉴에서 Angle 90 Direction About V를 선택하고 Apply Rotation을 선택한다. Position X 0 Y 0 Z 400을 입력한다. CYLI 1을 복사하고 CYLI 2를 선택한다. Modify ➡ Primitive 메

뉴에서 Position에서 X 100 Y 0 Z 400을 입력한다.

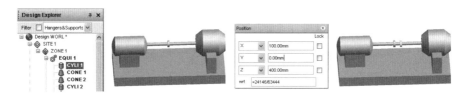

그림 6-35: Modify

FLANGED NOZZLE DIN2635 PN40 RF, Bore 80, Height 300 NOZZLE
을 생성한다. 메뉴에서 Create ➡ Nozzles를 선택하고 NOZZLE Type을 선택한다.

그림 6-36: NOZZLE

FLANGED NOZZLE DIN2635 PN40 RF, Normal Bore 80을 선택하고
Apply를 선택한다. Dismiss를 선택한다. Height 300을 입력하고 Apply를 선택한
다. Dismiss를 선택한다.

그림 6-37: NOZZLE

NOZZ 1을 선택한다. 메뉴에서 Connect ➡ Primitive ➡ ID Point를 선택하고
NOZZ 1 P-Point를 선택한다.

그림 6-38: Confirm

6-4. Equipment PUMP 실습 3

다음 펌프를 모델링한다.

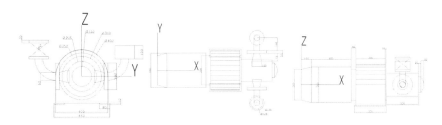

그림 6-39: PUMP

펌프 형상을 확인한다.

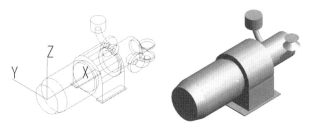

그림 6-40: PUMP

Command Window에서 NEW BOX, POS X 0 Y -250 Z -650을 입력한다. XLEN 430 YLEN 10 ZLEN 430을 입력한다. ADD CE, AUTO CE를 입력한다. Primitive 메뉴에서 Box를 선택한다. X 400 Y 200 Z 300을 입력하고 Create를 선택한다. Primitive 메뉴에서 Cylinder를 선택한다. Height 405 Diameter 350을 입력하고 Create를 선택한다. Position에서 X 0 Y 0 Z -250을 입력하고 Next를 선택한다. Primitive 메뉴에서 Cylinder를 선택한다. Height 380 Diameter 300을 입력하고 Create를 선택한다. Primitive 메뉴에서 Cylinder를 선택한다. Height 320 Diameter 225를 입력하고 Create를 선택한다. Primitive 메뉴에서 Cylinder를 선택한다. Height 25 Diameter 150을 입력하고 Create를 선택한다.

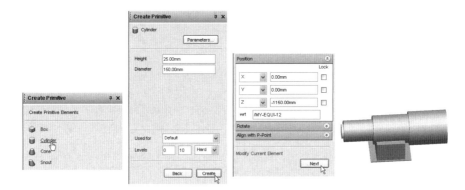

그림 6-41: Cylinder

Primitive 메뉴에서 Dish를 선택한다. Diameter 150, Radius 150 Height 30을 입력하고 Create를 선택한다. Position에서 X 0 Y 0 Z -1160을 입력하고 Next를 선택한다. Primitives 메뉴에서 Cone를 선택하고 Top Diameter 300, Bottom Diameter 350 Height 100을 입력하고 Create를 선택한다. Position에서 X 0 Y 0 Z 0을 입력하고 Next를 선택한다.

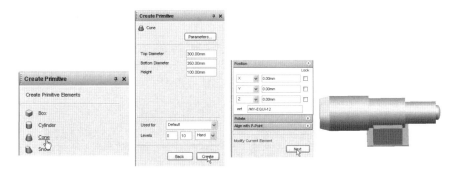

그림 6-42: Cone

Primitive 메뉴에서 Cylinder를 선택한다. Diameter 300, Radius 400을 입력하고 Create를 선택한다.

그림 6-43: ISO3

Primitives 메뉴에서 Cone를 선택하고 Top Diameter 6, Bottom Diameter 128 Height 50을 입력하고 Create를 선택한다.

그림 6-44: Cone

Primitives 메뉴에서 Circular Torus를 선택한다. Inside radius에 200, Outside Radius에 250을 입력하고 Angle에 0을 입력하고 Create를 선택한다.

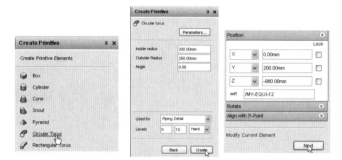

그림 6-45: Circular Torus

메뉴아이콘에서 Limits CE & Options를 선택한다. Walk To Draw List를 선택한다.

그림 6-46: Walk To Draw List

Primitives 메뉴에서 Cone를 선택하고 Top Diameter 5, Bottom Diameter 150 Height 50을 입력하고 Create를 선택한다.

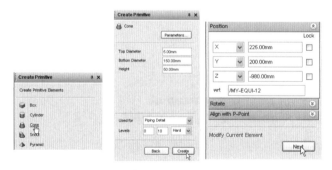

그림 6-47: Cone

Primitive 메뉴에서 Cylinder를 선택한다. Diameter 100, Radius 150을 입력

하고 Create를 선택한다. 메뉴에서 Create ➡ Copy ➡ Mirror를 선택한다. Mirror
창에서 Direction Y를 입력하고 Apply를 선택한다.

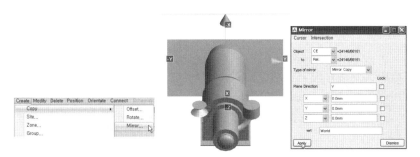

그림 6-48: Mirror

Confirm에서 Yes를 선택한다.

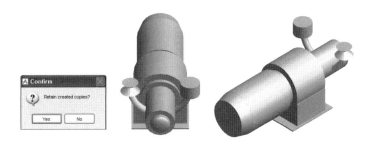

그림 6-49: Confirm

6-5. Equipment Heat Exchanger 실습 1

다음 열교환기를 모델링한다.

BOX X 300 Y 1050 Z 300, Cylinder Height 4800, Dia 1500

Dish Dia 1500, Height 350, Radius 0

NOZZLE 1: DICHTFLACHE C, FLANGED NOZZLE DIN2635 PN40 RF, Bore 500, Height 500

NOZZLE 2, NOZZLE 3, NOZZLE 4, NOZZLE 5: DICHTFLACHE C, FLANGED NOZZLE DIN2635 PN40 RF, Bore 100, Height 500

그림 6-50: 열교환기

Height 4800, Dia 1500 Cylinder를 생성한다. Dia 1500, Height 350, Radius 0 Dish를 생성한다.

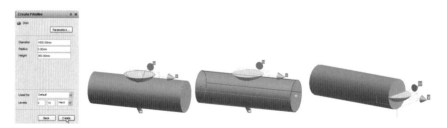

그림 6-51: Dish

Rotate Angle 180 Direction About V를 선택하고 Apply Rotation을 선택한

다. DISH 1을 복사하고 DISH 2를 선택한다. 메뉴에서 Connect ➡ Primitive ➡ ID Point를 선택하고 DISH 2 P-Point를 선택한다. CYLI 1의 P-Point를 선택한다. Confirm에서 No를 선택하여 결합한다.

그림 6-52: Confirm

X 300 Y 1050 Z 300 BOX를 생성한다. BOX 1을 선택하고 P-Point를 선택한다. CYLI 1의 P-Point를 선택한다. Confirm에서 No를 선택하여 결합한다.

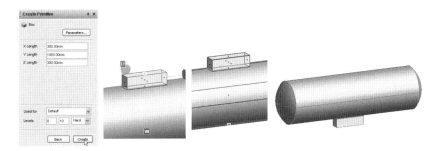

그림 6-53: BOX

BOX 1을 선택하고 P-Point를 선택한다.

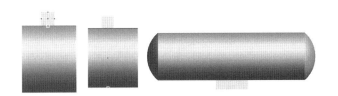

그림 6-54: ID-Point

Modify ➡ Primitive 메뉴에서 Rotate Angle 90 Direction About W를 선택하

고 Apply Rotation을 선택한다. F8을 선택하고 Position에서 X 0, -Y 1950, -Z
30을 입력한다.

그림 6-55: Modify

F8을 선택한다. BOX 1을 복사하고 BOX 2를 선택하여 이동한다. F8을 선택하고
Position에서 X 0, Y 1950, -Z 30을 입력한다.

그림 6-56: Position

Iso 3을 하고 Design Explorer 메뉴에서 BOX 1을 선택한다. Modify ➡
Primitive 메뉴에서 Position에서 X 0 Y 1950 Z 0을 입력한다.

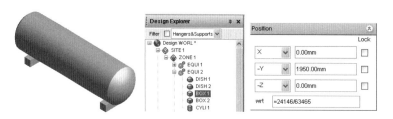

그림 6-57: Position

Design Explorer 메뉴에서 BOX 2를 선택한다. Modify ➡ Primitive 메뉴에서
Position에서 -Z에 0을 입력한다.

그림 6-58: Position

DICHTFLACHE C, FLANGED NOZZLE DIN2635 PN40 RF, Bore 500, Height 500 NOZZLE을 생성한다. 메뉴에서 Create ➡ Nozzles를 선택하고 NOZZLE Type을 선택한다.

그림 6-59: NOZZLE

DICHTFLACHE C, FLANGED NOZZLE DIN2635 PN40 RF, Normal Bore 500을 선택하고 Apply를 선택한다. Dismiss를 선택한다. Height 500을 입력하고 Apply를 선택한다. Dismiss를 선택한다.

그림 6-60: NOZZLE

NOZZ 1을 선택한다. 메뉴에서 Connect ➡ Primitive ➡ ID Point를 선택하고

NOZZ 1 P-Point를 선택한다. DISH 2의 P-Point를 선택한다. Confirm에서 No를 선택하여 결합한다.

그림 6-61: Confirm

DICHTFLACHE C, FLANGED NOZZLE DIN2635 PN40 RF, Bore 100, Height 500 NOZZLE을 생성한다. 메뉴에서 Create ➡ Nozzles를 선택하고 NOZZLE Type을 선택한다. DICHTFLACHE C, FLANGED NOZZLE DIN2635 PN40 RF, Normal Bore 100을 선택하고 Apply를 선택한다. Dismiss 를 선택한다. Height 500을 입력하고 Apply를 선택한다. Dismiss를 선택한다.

그림 6-62: NOZZLE

NOZZ 2를 선택한다. 메뉴에서 Connect ➡ Primitive ➡ ID Point를 선택하고 NOZZ 2 P-Point를 선택한다. CYLI 1의 P-Point를 선택한다. Confirm에서 No를 선택하여 결합한다.

그림 6-63: Confirm

6-6. Equipment Heat Exchanger 실습 2

다음 열교환기 모델링한다.

Cylinder Height 1800, Dia 450

Cylinder Height 25, Dia 570

Cylinder Height 300, Dia 450

Cylinder Height 500, Diameter 450

Dish Dia 450, Height 100, Radius 0

NOZZLE 1, 2: DICHTFLACHE C, ND-16RF, Bore 100, Height 250

NOZZLE 3, 4: DICHTFLACHE C, ND-16RF, Bore 150, Height 250

그림 6-64: 열교환기

Height 1800, Dia 450 Cylinder를 생성한다. Rotate 메뉴에서 Angle 90 Direction About V를 선택하고 Apply Rotation을 선택한다.

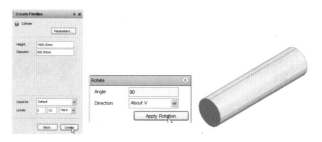

그림 6-65: Cylinder

Height 25, Dia 570 Cylinder를 생성한다. Rotate 메뉴에서 Angle 90 Direction About V를 선택하고 Apply Rotation을 선택한다. 메뉴 창이 열린 상태에서 CYLI 2의 P-Point와 CYLI 1의 P-Point를 선택하여 snap한다.

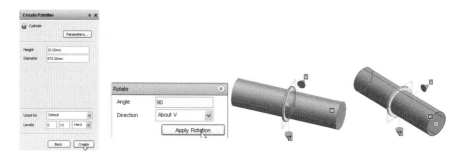

그림 6-66: Cylinder

CYLI 1 P-Point를 선택하여 snap한다. CYLI 2를 복사하고 CYLI 3을 선택한다. Modify ➡ Primitive 메뉴에서 Position에서 X 925 Y 0 Z 0을 입력한다.

그림 6-67: Modify

CYLI 2를 선택하고 메뉴에서 Create ➡ Copy ➡ Mirror를 선택한다. Mirror 창에서 Plane Direction을 X로 입력하고 Apply를 선택한다. Confirm 창에서 Yes를

선택한다. CYLI 4를 선택하고 메뉴에서 Create ➡ Copy ➡ Mirror를 선택한다. Mirror 창에서 Plane Direction을 X로 입력하고 Apply를 선택한다.

그림 6-68: Mirror

Height 300, Dia 450 Cylinder를 생성한다. Rotate 메뉴에서 Angle 90 Direction About V를 선택하고 Apply Rotation을 선택한다. 메뉴 창이 열린 상태에서 CYLI 6의 P-Point와 CYLI 1의 P-Point를 선택하여 snap한다.

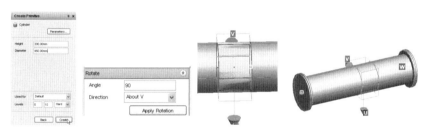

그림 6-69: Cylinder

Modify ➡ Primitive 메뉴에서 Position에서 -X 1300 Y 0 Z 0을 입력한다. 메뉴 창이 열린 상태에서 CYLI 6의 P-Point와 CYLI 1의 P-Point를 선택하여 snap한다.

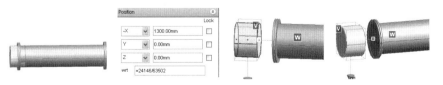

그림 6-70: Modify

CYLI 6의 P-Point와 CYLI 1의 P-Point를 선택하여 snap한다. CYLI 6을 선택하고 메뉴에서 Create ➡ Copy ➡ Mirror를 선택한다. Mirror 창에서 Plane Direction을 X로 입력하고 Apply를 선택한다.

그림 6-71: Mirror

CYLI 7을 선택하고 Modify ➡ Primitive 메뉴에서 Height 500, Diameter 450을 입력한다. Dia 450, Height 100, Radius 0 Dish를 생성한다. Position에서 X 0 Y 0 Z 500을 입력한다. DISH 1의 P-Point와 CYLI 6의 P-Point를 선택하여 snap한다.

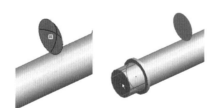

그림 6-72: P-Point

Rotate 메뉴에서 Angle 180 Direction About V를 선택하고 Apply Rotation을 선택한다. CYLI 4를 선택한다.

그림 6-73: Rotate

메뉴에서 Create ➡ Copy ➡ Offset를 선택한다. Offset 창에서 U 500을 입력하고 Apply를 선택한다. 실린더가 복사된다.

그림 6-74: Offset

CYLI 2를 복사하고 CYLI 3을 선택한다. Modify ➡ Primitive 메뉴에서 Position에서 X 1445 Y 0 Z 0을 입력한다.

그림 6-75: Modify

DICHTFLACHE C, ND-16RF, Bore 100, Height 250 NOZZLE을 생성한다. 메뉴에서 Create ➡ Nozzles를 선택하고 NOZZLE Type을 선택한다. DICHTFLACHE C, ND-16RF, Normal Bore 100을 선택하고 Apply를 선택한다. Dismiss를 선택한다. Height 250을 입력하고 Apply를 선택한다. Dismiss를 선택한다.

그림 6-76: NOZZLE

NOZZ 1을 선택한다. 메뉴에서 Connect ➡ Primitive ➡ ID Point를 선택하고 NOZZ 1 P-Point를 선택한다. CYLI 1의 P-Point를 선택한다. Confirm에서 No를 선택하여 결합한다. 메뉴에서 Modify ➡ Attributes를 선택한다. Position WRT Owner에서 X 1187 Y 0 Z -455를 입력한다. Iso 3을 하고 NOZZ 1을 snap한다.

그림 6-77: Modify

NOZZ 1을 복사하고 NOZZ 2를 선택한다. 메뉴에서 Connect ➡ Primitive ➡ ID Point를 선택하고 NOZZ 2 P-Point를 선택한다. CYLI 1의 P-Point를 선택한다. Confirm에서 No를 선택하여 결합한다.

그림 6-78: ID Point

Design Explorer 메뉴에서 NOZZ 2를 선택한다. 메뉴에서 Modify ➡ NOZZLE

Specification을 선택한다. Nominal Bore를 150으로 선택하고 Apply를 선택한다.

그림 6-79: NOZZLE Specification

메뉴에서 Modify ➡ Attributes를 선택한다. Height에 250을 입력한다. Position WRT Owner에서 X 500 Y 0 Z -455를 입력한다.

그림 6-80: Attributes

7장 : Extrusion, Revolution

7-1. Extrusion

Extrusion(EXTR)은 loop(LOOP)에 의하여 정의된다. Loop의 2D Geometry는 XY 좌표 시스템에서 Vertex의 집합으로 정의되며, Loop의 높이(Height, HEIG) 속성은 2D 형상이 3D 돌출 Volume을 형성하는 압출된 거리를 정의한다. Design Explorer를 사용하여 장비 구성요소로 이동하고 메뉴에서 Create ➡ Primitives를 선택한다. Primitives 메뉴에서 Extrusion을 선택한다.

7-2. Revolution

장비 응용프로그램을 실행하기 위하여 Design의 하위항목인 Equipment를 선택한다. 장비 구성요소를 생성하기 위하여 Zone으로 이동한 후에, Create 항목에서 Equipment를 찾아 선택한다. Primitives 메뉴에서 Cylinder를 선택하고 속성 Parameter를 선택한다.

그림 7-1: Cylinder

높이 500 지름 250을 입력하고 Create 버튼을 클릭한다. Primitive 메뉴에서

Datum, Position, Align with P-Point를 선택할 수 있다. Rotate에서 Angle 90을 입력하고, Direction에서 About X로 선택한다. Apply Rotation을 누르면 Cylinder가 회전한다.

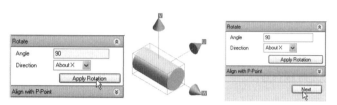

그림 7-2: Rotate

메뉴에서 Create ➡ Primitives를 선택한다. Primitives 메뉴에서 Extrusion을 선택한다. Create Extrusion 창이 뜨면, Extrusion의 두께를 600으로 입력한다.

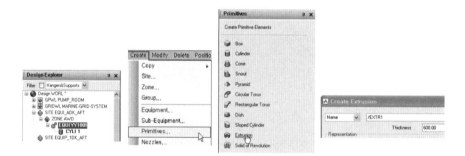

그림 7-3: Extrusion

Create Extrusion 메뉴에서 Extrusion의 두께를 600을 입력하고 Create Methode를 선택한다. 사용자는 여러 가지 방법으로 새로운 양수나 음수의 Extrusion Vertex(VERT)의 위치를 명시할 수 있다.

1) 표준 커서 picking 방법을 사용하여 사용자가 지점을 pick 한다.

2) 명확한 좌표를 입력하여 사용자가 점을 확인할 수 있다.

3) Vertex 점에 관련된 지점을 정의한 거리와 방향을 명시한다.

4) 두 개의 pick된 접선 사이에 반지름을 가진 fillet 호를 구성한다.

◯ 5) pick된 3점을 통한 fillet 호를 구성한다.

◉ 6) pick된 방향을 향한 곡선인 두 개의 pick된 점들을 통한 반지름을 가진
fillet 호를 구성한다.

Define Vertex 메뉴가 나타나며, Apply 버튼을 클릭하고 첫 번째 vertex 점을 생성한다. F8 키를 누르면 wire line과 shaded 이미지를 토글 한다. Thickness를 600으로 설정하고 3점을 정의한다. X, Y, Z축에 0이 입력된 기본 상태에서 Apply를 클릭하여 Vertex를 정의한다. Define vertex 창이 뜨면 Y축에 600을 입력하고 Apply를 누른다. Define vertex 창에서 X축에 600을 입력하고 Apply를 선택한다. Define vertex에서 X 600 Y 0 Z 0을 입력하고 Apply를 누른다. Modify ➡ Primitives하여 Attributes를 변경한다. Fradius에 300을 입력한다. Vertex3도 마찬가지 방법으로 한다. 또는 Design Explorer에서 VERT 3을 선택하고 오른쪽 마우스를 클릭하여 Attribute를 선택하고 Fradius에 300을 입력한다.

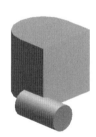

그림 7-4: 3D View

7-2-1. Revolution 생성

Revolution은 사용자가 주어진 축에 각도를 사용하여 사용자 정의 루프를 회전하여 양수나 음수 Volume을 생성한다. 축 컨트롤은 loop가 회전되는 주위의 축과 loop가 정의된 평면을 정의한다. Modify Line 창이 나타나면, 그래픽 뷰에서 선은 보이며 선과 길이의 위치를 선택한다. 이것은 회전축으로서 사용되는 시작 위치이다. OK를 누른다.

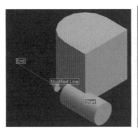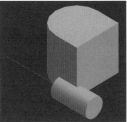

그림 7-5: Modify Line

Look을 Down 또는 -Z로 변경한다.

그림 7-6: Look

Create ➡ Primitives를 선택한다. Solid of Revolution(회전)을 선택한다. Settings에 loop가 회전할 각도를 입력한다. 사용자는 각도를 입력하거나, 또는 오른쪽 마우스 버튼 메뉴를 사용하여 존재하는 항목을 pick하여 각도를 넣을 수 있다. 축 섹션 에서부터 회전 라인을 선택하고, 화면의 프롬프트 영역에서 메시지는 사용자가 회전에 대한 라인을 pick하라는 것이다. 이전에 생성된 라인을 선택하면 축이 된다. +ve Revolution 창이 나타나면 Rotation Line을 선택한다. Rotation Line을 선택한 후, 초록색 선을 선택한다. Plane 버튼 위의 점으로부터 +ve Revolution에서 Point on Plane 버튼을 선택하고 Explicit Position을 선택한다. Explicit Position 메뉴가 나 타나며 X 100.00, Y 0.00, Z 0.00을 입력한다. 이것은 loop가 정의된(생성된 형상 의 시작) 평면이다. Create 메뉴는 다음과 같다.

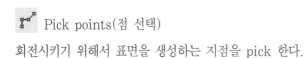 Pick points(점 선택)

회전시키기 위해서 표면을 생성하는 지점을 pick 한다.

✐ Pick lines(선 선택)

회전시키기 위해서 표면을 생성하는 선을 pick한다.

⬡ Define a polygon(다각형 정의)

주어진 거리 혹은 길이 속성을 지닌 특정한 면을 가진 다각형을 정의한다.

▭ Define a rectangle(사각형 정의)

X와 Y 길이를 가진 사각형을 정의한다.

⬡ Define a circle(원 정의)

반지름을 가진 원을 정의한다.

◇ Define an arc(호 정의)

반지름과 각을 가진 호를 정의한다.

◠ Define an arc by chord height(현 높이 호 정의)

반지름과 현 높이를 가진 호를 정의한다.

▣ Pick a profile to copy(프로파일 복사)

다른 회전을 위하여 복사되어지는 이전에 생성된 솔리드 프로파일을 pick한다.

◉ Derive arc(파생 호)

+ve Revolution 메뉴에서 Create 섹션이 나타나며, Pick points 버튼을 클릭한다. 그래픽 뷰에서 회전 라인과 형상을 위한 시작점이 보인다. 원하는 경우 평면은 Flip 버튼을 클릭하여 뒤집을 수 있다. Pick points를 선택한다. Explicit Position 창이 나타나면 각각의 Vertex 위치를 위한 값들을 입력한다. Y에 250을 입력하고 Apply를 누른다. X에 125, Y에 375를 입력하고 Apply를 누른다. X에 500을 입력하고 Apply를 누른다. Y에 0을 입력하고 Apply를 누른다. 모든 vertex 위치들이 입력되면 +ve Revolution에서 OK 버튼을 클릭하면 Revolution primitive가 생성된다.

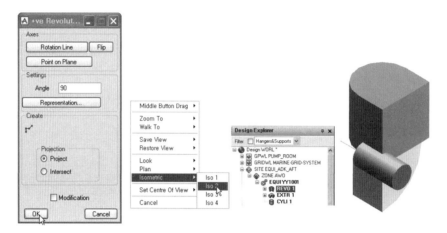

그림 7-7: Revolution primitive

EXTR을 삭제한다. CYLI 1도 삭제한다.

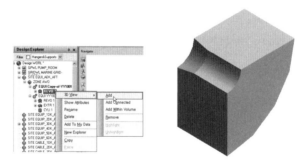

그림 7-8: Add

Loop Vertex Editor에서 X 100, Y 250을 입력하고 Modify 버튼을 클릭한다.

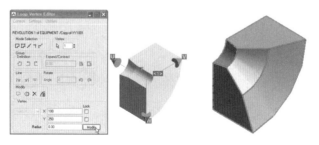

그림 7-9: Modify Primitives

VERT 3을 선택하고 Modify ➡ Attributes를 선택한다. Fradius를 선택하고 입력란에 50을 입력하고 Apply 버튼을 클릭한다.

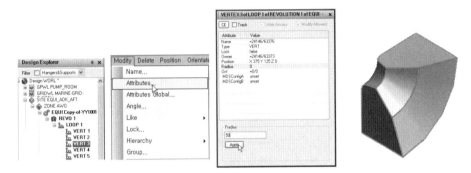

그림 7-10: Modify Attributes

VERT 4를 선택하고 Modify ➡ Attributes를 선택하고 Fradius를 선택하고 입력란에 50을 입력하고 Apply 버튼을 클릭한다.

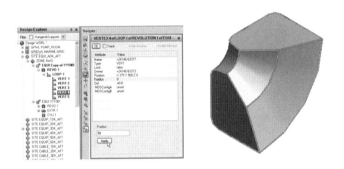

그림 7-11: Fradius

7-2-2. Modifying Stretch, Trim a Primitive

사용자는 프리미티브들을 stretch(increase) 또는 trim(decrease) 할 수 있다. primitive를 stretch 또는 trim 하기 위하여 primitive의 end 위에 있어야 한다.

primitive의 P-Point에서 다른 P-Point의 위치로 이동한다. 메뉴에서 Modify ➡ Stretch/Trim ➡ To P-Point를 선택하고 stretch/trim되어야 하는 P-Point를 pick하기 위한 커서를 사용한다.

그림 7-12: Stretch/Trim

3D 뷰 아래 부분에 Identify P-Point to Stretch/Trim이 나타난다.

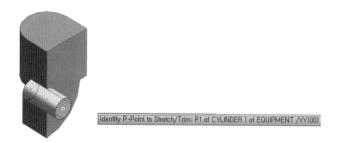

그림 7-13: Pick P-Point

마우스를 놓으면 3D 뷰 아래 부분에 Identify P-Point to Stretch/Trim로 다시 바뀐다.

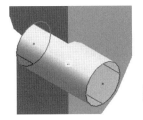

Identify P-Point to Stretch/Trim

Identify P-Point to Stretch/Trim: P0 of CYLINDER 1 of EQUIPMENT /YY1001

그림 7-14: 두 번째 Pick P-Point

7-2-3. Primitive Sliding

사용자는 선택된 P-Point의 방향에서 CE를 slide(move)할 수 있다. Modify ➡ Slide ➡ To P-Point를 선택하고 slide(moved)되어야하는 P-Point를 pick하기 위하여 커서를 사용한다. 마우스로 P-Point를 선택한다. 3D 뷰에서 포인트에 맞추어지면 선택한 포인트가 나타나면 마우스를 놓는다.

Identify P-Point to slide

Identify P-Point to slide: P1 of CYLINDER 1 of EQUIPMENT /YY1001

그림 7-15: P-Point 선택

두 번째 P-Point를 실린더 중간의 포인트를 선택한다.

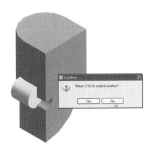

그림 7-16: Sliding 프리미티브

7-2-4. List

List는 목록의 모든 구성원들에게 영향을 주는 작동들이 수행되는 구성요소들의 일시적인 수집이다. current list는 default 툴바에서 풀-다운에서 나타난다.

그림 7-17: List

메뉴에서 Utilities ➡ Lists를 선택하거나, default 툴바로부터 Create/Modify 리스트 아이콘을 클릭하면 Lists/Collections 메뉴가 나타난다. 첫 번째 단계는 메뉴 표시줄에서 Add ➡ List를 선택하여 목록을 만드는 것이다. 목록에 설명을 줄 수 있는 create List 메뉴가 나타난다. 리스트의 설명은 메뉴에서 리스트 풀-다운으로 나타난다. 목록은 Control ➡ Save로 저장되거나 또는 Control ➡ Restore를 선택하여 복구된다. 구성요소들은 메뉴에서 Add menu를 사용하여 리스트에 추가 될 수 있다.

Add에서 Selection을 선택하고 값을 입력하고 Apply를 선택한다.

그림 7-18: Add List

에러메시지가 나오며 with 3D를 체크하고 값을 입력하고 Apply 버튼을 클릭한다.

그림 7-19: Add List

또는 Use 3D Cursor 버튼을 클릭하여, 값을 입력 할 수 있다, 이때 좌표를 변경하고 마우스로 클릭하여 변경한다.

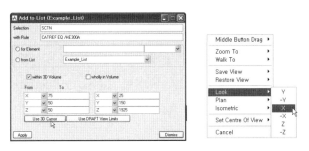

그림 7-20: Use 3D Cursor

선택은 커서를 가지고, 또는 정확하게 Volume을 명시함으로 이루어진다. 알맞은 체크 박스를 체크함으로써 Volume 안에서 전체 구성요소 또는 구성요소의 일부분을 선택하여 이루어진다.

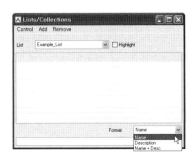

그림 7-21: Format

목록에서 구성요소들은 메뉴의 윗부분에 있는 Highlight check 상자를 체크함으로 그래픽 뷰에서 강조될 수 있다. AVEVA Marine 명령어들은 메뉴의 아래에 있는 텍스트 상자에서 유효한 AVEVA Marine 문맥을 입력하고, Action 버튼을 클릭하여 리스트에 직접적으로 적용된다. Add CE를 한다.

그림 7-22: Add CE

Action을 클릭하면 프리미티브가 값만큼 이동한다. BY X 600은 X의 방향에서 600mm로 목록에서 각 구성요소를 이동한다. Lists/Collections 메뉴에서 Remove를 선택하면 사용자는 이전에 설명한 Add 메뉴와 같이 옵션을 가진다.

그림 7-23: Remove

- from List
  목록에서 강조된 구성요소를 제거한다.

- All
  목록에서 모든 요소를 제거한다.

7-2-5. Positioning Control

위치 속성 설정의 4가지 방법이 있으며, Explicitly(AT), Relatively(By), Using Ship Reference 또는 모델 편집기 등이 있다. Position ➡ Explicitly(AT)는 두 가지 메뉴가 나타난다. Positioning Control은 default로 메인 메뉴 바에서 오른쪽 위에 나타나며, 화면 위의 어느 장소로 드래그가 가능하다. Positioning Control 메뉴는 사용자가 event-driven graphics 모드에서 위치들을 pick하려고 할 때마다 자동으로 나타난다.

그림 7-24: working plane

메뉴는 사용자가 선택들을 만드는 두 가지 옵션을 가진다.

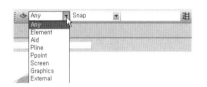

그림 7-25: Pick Type

Pick Type 옵션은 사용자가 커서 picking이 반응하는 항목들의 형태들을 제어한다.

- Any   사용자는 구성요소, aid, Pline 또는 Ppoint를 pick 할 수 있다.
- Element   Picking은 구성요소로 제한된다.
- Aid   Picking은 drawing aid로 제한된다.
- Pline   Picking은 구조적인 P-line들로 제한된다.
- Ppoint   Picking은 P-point로 제한된다.
- Screen   사용자는 두 개의 좌표를 확인하는 그래픽 뷰에서 어느 곳이나 pick 할 수 있다. 세 번째 좌표는 현재 Working Plane에서 가지고 온다.
- Graphics   사용자는 뷰에 나타나는 그래픽 구성요소(including aids, construction pins, 등을 포함하여)들을 pick 할 수 있다.

- External Pick Method 옵션은 위치가 종속적인 커서 pick들로부터 얻는 방법을 결정한다. 현재 선택된 모드는 프롬프트 바에 나타난다. 이러한 옵션들의 대부분은 수로 Steelwork에 적용된다.

- Snap Snap은 커서 pick point에 가장 가까운 snap point를 선택한다.

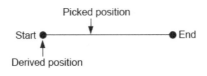

그림 7-26: Snap

- Distance Distance는 텍스트 상자에서 입력한 offset 값을 적용한다.

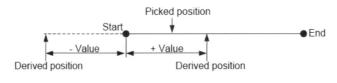

그림 7-27: Distance

- Mid-Point Mid-Point는 선형 항목을 따라 두 개의 snap point 사이에서 중심점을 가진다.

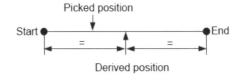

그림 7-28: Mid-Point

- Fraction Fraction은 특정한 부분들의 텍스트 상자에서 입력한 수로 두 개의 snap point 사이에서 거리를 나눈다.

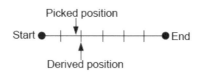

그림 7-29: Fraction

• Proportion   Proportion은 두 개의 snap point사이에서 비례적인 위치가 텍스트
                       상자에 입력한 point를 가진다. 0.25는 첫 번째 snap point와 두 번째
                       snap point에 결합하는 line을 따라 25% 점을 준다.

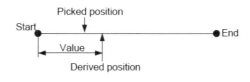

그림 7-30: Proportion

• Intersect   Intersect는 사용자가 두 개의 선들을, 또는 3개의 평면 pick하고 교차점을
                       가진다.

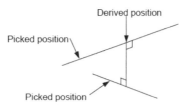

그림 7-31: Intersect

• Cursor   Cursor는 커서가 구성요소 위에 pick된 곳에 derived point에 정확하게
                       위치한다. 사용자는 좌표를 입력을 하거나, 또는 다른 디자인 항목의 위치에
                       대한 참조에 의하여 구성요소에 대한 위치를 준다. Datum 옵션을 사용하여
                       적용되는 위치에 대한, 또는 지정한 위치에 대한 구성요소에서 특정한
                       point를 확인할 수 있다.

그림 7-32: Select

메뉴는 현재 위치를 나타내며, 사용자는 새로운 값을 입력하여 변경 할 수 있다. position user give는 Origin이나, 또는 선택된 ID Design point인 Datum과 관계가 있다. Explicit Position 버튼은 사용자가 정확한 위치를 입력함으로써 그래픽 picking 작업을 생략할 수 있다.

그림 7-33: Explicit Position

Selecting Position ➡ Using Ships References를 선택하면 메뉴가 나타난다.

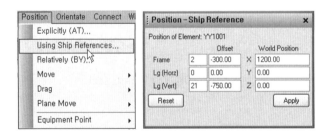

그림 7-34: Using Ships References

Position-Ship Reference 메뉴는 선박 참조시스템 뿐만 아니라 절대위치인 X, Y, Z 위치를 나타내면서, 메뉴는 자동으로 현재 데이터베이스의 구성요소에 대하여 업데이트한다. Position ➡ Relatively(BY)를 선택하면 Position Control 메뉴와 같이 화면에 나타난다.

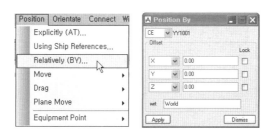

그림 7-35: Position By

X, Y, Z 값들은 사용자가 항목의 원점에 관련된 항목들의 위치이다. Y에 1500을 입력하고 Enter 키를 누른다. Apply 버튼을 클릭하면 Y축으로 1500 만큼 이동한다.

그림 7-36: Using Primitive as Origin

8장 : Equipment Ventilation Fan

8-1. Equipment Ventilation Fan 실습 1

8-1-1. Equipment Ventilation Fan 실습 1

다음 Equipment를 모델링한다.

그림 8-1: Equipment

Primitives 메뉴에서 Box를 선택하고 X 165, Y 372, Z 372를 입력하고 Create
를 선택한다. Position에서 X 0 Y 1000 Z 0을 입력한다. Primitive 메뉴에서
Rectangular Torus를 선택한다. Inside radius 0, Outside radius 186, Height
165, Angle 90을 입력하고 Create를 선택한다. Position에서 X 0 Y 1000 Z 186
을 입력한다.

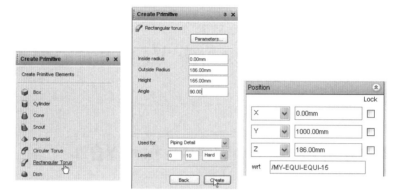

그림 8-2: Rectangular Torus

메뉴에서 Create ➡ Copy ➡ Mirror를 선택한다. 메뉴에서 Direction을 X로 하고 Apply를 선택한다.

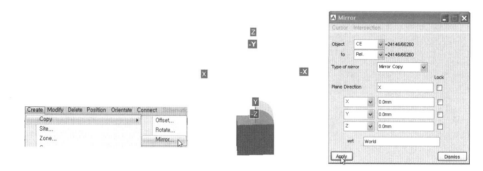

그림 8-3: Mirror

Confirm 창에서 Yes를 선택한다.

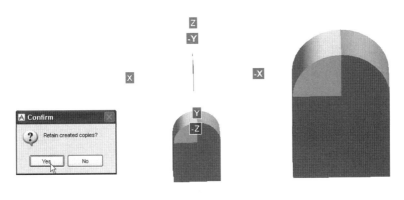

그림 8-4: Confirm

Design Explore에서 RTOR 2를 선택하고, 메뉴에서 Create ➡ Copy ➡ Mirror 를 선택한다. 메뉴에서 Direction을 -Z로 하고 Apply를 선택한다.

그림 8-5: Mirror

Confirm 창에서 Yes를 선택한다.

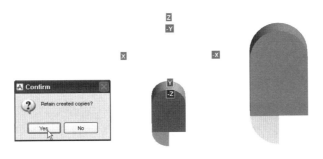

그림 8-6: Confirm

Design Explore에서 RTOR 2를 선택하고, 메뉴에서 Create ➡ Copy ➡ Mirror
를 선택한다. 메뉴에서 Direction을 -X로 하고 Apply를 선택한다.

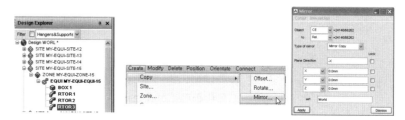

그림 8-7: Mirror

Confirm 창에서 Yes를 선택한다.

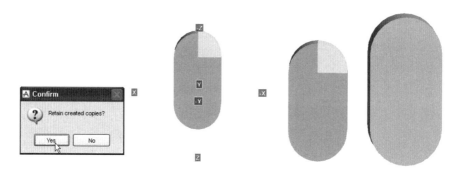

그림 8-8: Confirm

8-1-2. Equipment Ventilation Fan 실습 2

Primitives 메뉴에서 Box를 선택하고 X 165, Y 372, Z 372를 입력하고 Create
를 선택한다. Primitives 메뉴에서 Cylinder를 선택하고 Height 165, Diameter
372를 입력하고 Create를 선택한다. Rotate에서 Angle 90, Direction About V를
선택하고 Apply를 선택한다. Position에서 X 0 Y 0 Z 186을 입력한다.

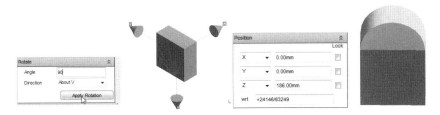

그림 8-9: Rotate

메뉴에서 Create ➡ Copy ➡ Mirror를 선택한다. 메뉴에서 Direction을 -Z로 하고 Apply를 선택한다.

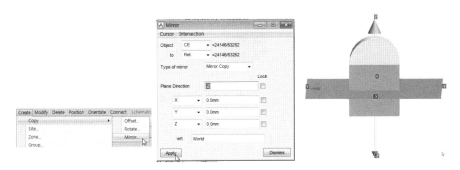

그림 8-10: Mirror

Confirm 창에서 Yes를 선택한다.

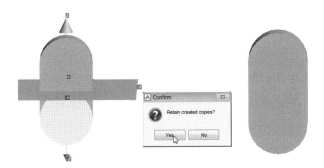

그림 8-11: Confirm

8-1-3. Equipment Ventilation Fan 실습 3

Primitives 메뉴에서 Box를 선택하고 X 165, Y 372, Z 372를 입력하고 Create를 선택한다. Primitive 메뉴에서 Rectangular Torus를 선택한다. Inside radius 0, Outside radius 186, Height 186, Angle 180을 입력하고 Create를 선택한다. Rotate에서 Angle 90, Direction About V를 선택하고 Apply를 선택한다. Rotate에서 Angle 90, Direction About W를 선택하고 Apply를 선택한다.

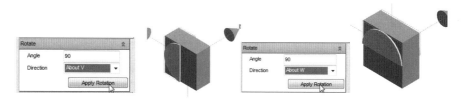

그림 8-12: Rotate

Position에서 X 0 Y 0 Z 186을 입력한다.

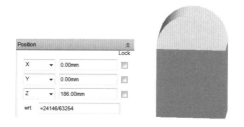

그림 8-13: Position

메뉴에서 Create ➡ Copy ➡ Mirror를 선택한다. 메뉴에서 Direction을 -Z로 하고 Apply를 선택한다.

그림 8-14: Mirror

Confirm 창에서 Yes를 선택한다.

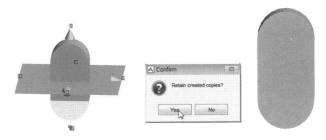

그림 8-15: Confirm

8-1-4. Equipment Ventilation Fan 실습 4

다음 Equipment를 Extrusion 사용하여 모델링한다.

그림 8-16: Primitive

Primitive 메뉴에서 Extrusion을 선택한다. Thickness에 165를 입력하고

Explicitly defined position을 선택한다.

그림 8-17: Extrusion

Define Vertex에서 X 0 Y 0 Z 0을 입력하고 Apply를 선택한다. X 372 Y 0 Z 0을 입력한다.

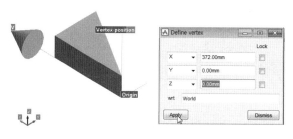

그림 8-18: Define Vertex

Design Explore에서 EXTR 1➡ LOOP 1➡ VERT 1을 선택하고 오른쪽 마우스로 Attribute를 선택한다. Fradius를 186로 한다.

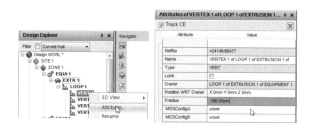

그림 8-19: Attribute

VERT 2를 선택하고 오른쪽 마우스로 Attribute를 선택한다. Fradius를 186로 한다.

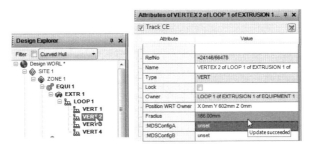

그림 8-20: Fradius

VERT 3을 선택하고 오른쪽 마우스로 Attribute를 선택한다. Fradius를 186로 한다.

그림 8-21: Fradius

VERT 4를 선택하고 오른쪽 마우스로 Attribute를 선택한다. Fradius를 186로 한다.

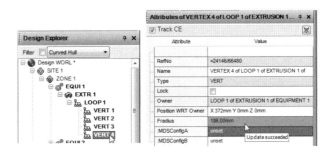

그림 8-22: Fradius

메뉴에서 Settings ➡ Graphics를 선택하고 메뉴에서 Holes Drawn을 체크하고 Arc Tolerance에 1을 입력하고 Apply를 선택한다.

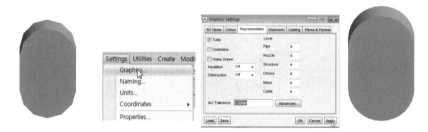

그림 8-23: Graphics

8-1-5. Equipment Ventilation Fan 실습 5

다음 Equipment를 Extrusion을 사용하여 모델링한다.

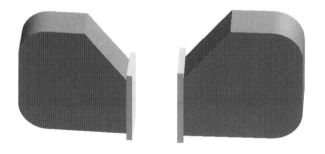

그림 8-24: Ventilation Fan

Primitive 메뉴에서 Extrusion을 선택한다. Thickness에 300을 입력한다. Define Vertex에서 X 0 Y 0 Z 0을 입력하고 Apply를 선택한다. Define Vertex에서 X 0 Y 962 Z 500을 입력하고 Apply를 선택한다.

그림 8-25 : Define Vertex

Design Explore에서 EXTR 1➡ LOOP 1 ➡ VERT 2를 선택하고 오른쪽 마우스로 Attribute를 선택한다. Fradius를 250을 입력한다.

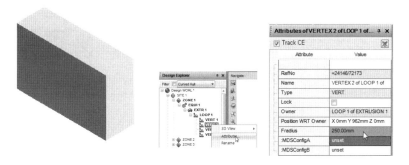

그림 8-26 : Fradius

메뉴에서 Create ➡ Copy ➡ Mirror를 선택한다.

그림 8-27 : Fradius

메뉴에서 Direction을 Z로 입력한다.

그림 8-28: Mirror

Mirror 창에서 X 0 Y 481 Z 500을 입력한다. Apply를 선택한다.

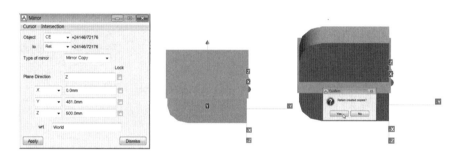

그림 8-29: Mirror

Confirm 창에 Yes를 선택하고 Dismiss를 선택한다.

그림 8-30: Confirm

Position에서 X 0 Y 0 Z 150을 입력한다.

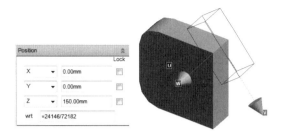

그림 8-31: Position

메뉴에서 Settings ➡ Graphics를 선택하고 메뉴에서 Arc Tolerance에 1을 입력
하고 Apply를 선택한다.

그림 8-32: Graphics

Position에서 X -100 Y 110 Z 150을 입력한다. 메뉴에서 Modify ➡ Primitive
에서 Box의 값을 변경한다. X Length 300 Y length 712 Z Length 400으로 변
경한다.

그림 8-33: Position

Next를 선택한다.

그림 8-34: Next

Design Explore에서 EQUI 1을 선택하고 Primitive 메뉴에서 Normal Negative Primitive를 선택한다. Box를 선택한다. Box에서 X Length 660 Y length 350 Z Length 50으로 변경한다.

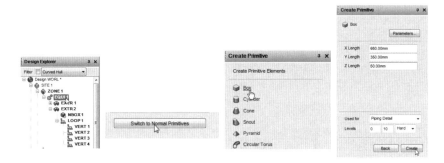

그림 8-35: Box

Rotate에서 Angle 90도를 입력하고 About U를 선택하고 Apply를 선택한다.

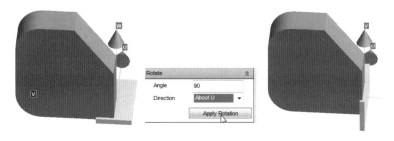

그림 8-36: Rotate

Rotate에서 Angle 90도를 입력하고 About W를 선택하고 Apply를 선택한다.

그림 8-37: Rotate

Position에 X -150 Y -10 Z 280을 입력한다. Next를 선택한다.

그림 8-38: Position

8-1-6. Equipment Ventilation Fan 실습 6

다음 Equipment를 Extrusion을 사용하여 모델링한다.

그림 8-39: Extrusion

Primitive 메뉴에서 Extrusion을 선택한다. Thickness에 165를 입력하고 Explicitly defined position을 선택한다. Define Vertex에서 X 0 Y 0 Z 0을 입력하고 Apply를 선택한다. X 0 Y 602 Z 0을 입력하고 Apply를 선택한다. Define Vertex에서 X 602 Y 0 Z 0을 입력하고 Apply를 선택한다.

그림 8-40: Define Vertex

Dismiss를 선택하고 OK를 선택한다.

그림 8-41: Dismiss

8-1-7. Equipment Ventilation Fan 실습 7

다음 Equipment를 Extrusion을 사용하여 모델링한다.

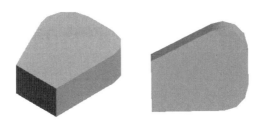

그림 8-42: Ventilation Fan

Primitive 메뉴에서 Extrusion을 선택한다. Thickness에 300을 입력하고 Explicitly defined position을 선택한다. Define Vertex에서 X 0 Y 0 Z 0을 입력하고 Apply를 선택한다. X 0 Y 500 Z 0을 입력하고 Apply를 선택한다.

그림 8-43: Define Vertex

Dismiss를 선택하고 OK를 선택한다.

그림 8-44: Dismiss

Design Explore에서 EXTR 1 ➡ LOOP 1 ➡ VERT 2를 선택하고 오른쪽 마우스로 Attribute를 선택한다. Fradius를 250을 입력한다. VERT 3을 선택하고 오른쪽 마우스로 Attribute를 선택한다. Fradius를 250을 입력한다.

그림 8-45: Fradius

형상을 확인한다. LOOK 뷰에서 -Z를 선택한다.

그림 8-46: LOOK

8-1-8. Equipment Ventilation Fan 실습 8

다음 Equipment를 Extrusion을 사용하여 모델링한다.

그림 8-47: Ventilation Fan

Primitive 메뉴에서 Extrusion을 선택한다. Thickness에 300을 입력하고 Explicitly defined position을 선택한다. Define Vertex에서 X 0 Y 0 Z 0을 입력

하고 Apply를 선택한다. X 0 Y 912 Z 0을 입력하고 Apply를 선택한다. Define Vertex에서 X 0 Y 0 Z 800을 입력하고 Apply를 선택한다.

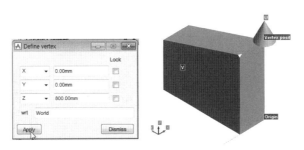

그림 8-48: Define Vertex

Dismiss를 선택하고 OK를 선택한다. Design Explore에서 EXTR 1 ➡ LOOP 1 ➡ VERT 1을 선택하고 오른쪽 마우스로 Attribute를 선택한다. Fradius를 200을 입력한다.

그림 8-49: Fradius

VERT 4를 선택하고 오른쪽 마우스로 Attribute를 선택한다. Fradius를 250을 입력한다.

그림 8-50: Fradius

메뉴에서 Settings ➡ Graphics를 선택하고 메뉴에서 Arc Tolerance에 1을 입력하고 Apply를 선택한다.

그림 8-51: Graphics

Primitives 메뉴에서 Box를 선택하고 X 500, Y 300, Z 10을 입력하고 Create를 선택한다. Position에서 X 150 Y 915 Z 250을 입력하고 Next를 선택한다.

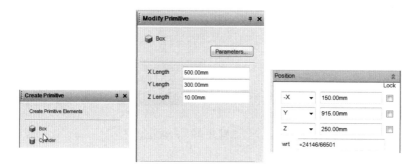

그림 8-52: Box

Rotate에서 Angle 90, Direction About V를 선택하고 Apply를 선택한다. Rotate에서 Angle 90, Direction About U를 선택하고 Apply를 선택한다.

그림 8-53: Rotate

8-1-9. Equipment Ventilation Fan 실습 9

다음 Equipment를 Command를 사용하여 모델링한다.

그림 8-54: Ventilation Fan

메뉴에서 Equipment를 생성한다. 또는 명령어 창에서 new equip을 한다. Command Window에서 NEW EXTR, HEI 300, NEW LOOP을 입력한다. Command Window에서 NEW VERT, POS X -516.5 Y -481 Z 0, FRAD 250 END을 입력한다.

```
NEW VERT
POS X -516.5 Y -481 Z 0
FRAD 250
END
```

그림 8-55: Command Window

8-2. Equipment Ventilation Fan 실습 2

다음 Equipment Ventilation Fan을 모델링한다.

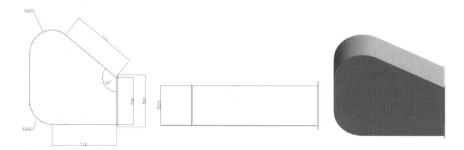

그림 8-56: Ventilation Fan

Primitive 메뉴에서 Extrusion을 선택한다. Thickness에 300을 입력하고 Explicitly defined position을 선택한다.

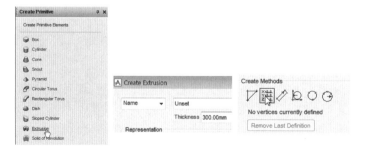

그림 8-57: Extrusion

Define Vertex에서 X 0 Y 0 Z 0을 입력하고 Apply를 선택한다. Define Vertex 에서 X 0 Y 0 Z 500을 입력하고 Apply를 선택한다.

그림 8-58: Define Vertex

Dismiss를 선택하고 OK를 선택한다. Design Explore에서 EXTR 1 ➡ LOOP 1 ➡ VERT 2를 선택하고 오른쪽 마우스로 Attribute를 선택한다. Fradius를 250을 입력한다.

그림 8-59: Fradius

Design Explore에서 EXTR 1 ➡ LOOP 1 ➡ VERT 3을 선택하고 오른쪽 마우 스로 Attribute를 선택한다. Fradius를 250을 입력한다.

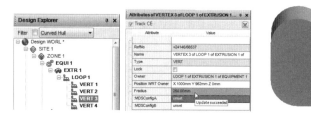

그림 8-60: Fradius

Primitives 메뉴에서 Box를 선택하고 X 550, Y 300, Z 10을 입력하고 Create 를 선택한다. Rotate에서 Angle 90, Direction About V를 선택하고 Apply를 선택 한다. Rotate에서 Angle 90, Direction About U를 선택하고 Apply를 선택한다.

그림 8-61: Box

Position에서 X -150 Y 0 Z 250을 입력하고 Next를 선택한다.

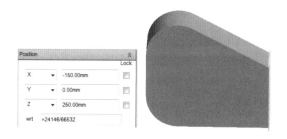

그림 8-62: Position

8-3. Equipment Ventilation Fan 실습 3

다음 Equipment Ventilation Fan을 모델링한다. 치수를 확인한다.

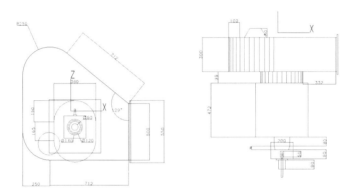

그림 8-63: Ventilation Fan

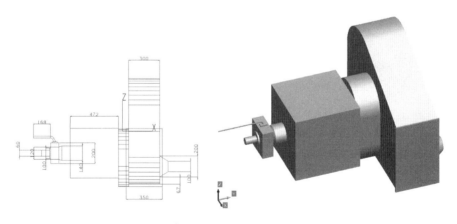

그림 8-64: Ventilation Fan

Primitives 메뉴에서 Box를 선택하고 X 200, Y 80, Z 200을 입력하고 Create
를 선택한다. Next를 선택한다. Primitives 메뉴에서 Cylinder를 선택하고 Height
10, Diameter 100을 입력하고 Create를 선택한다.

그림 8-65: Cylinder

Primitives 메뉴에서 Cylinder를 선택하고 Height 80, Diameter 50을 입력하고 Create를 선택한다.

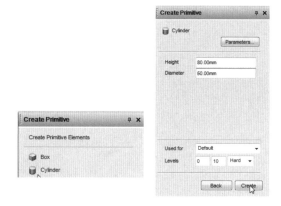

그림 8-66: Cylinder

Primitives 메뉴에서 Cone를 선택하고 Top Diameter 100, Bottom Diameter 140 Height 30을 입력하고 Create를 선택한다. Rotate에서 Angle 90, Direction About U를 선택하고 Apply를 선택한다.

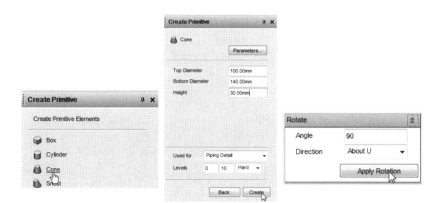

그림 8-67: Cone

Position에서 X 0 Y 55 Z 0을 입력한다.

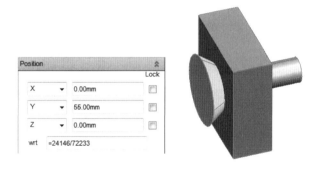

그림 8-68: Position

Primitives 메뉴에서 Cylinder를 선택하고 Height 80, Diameter 140을 입력하고 Create를 선택한다. Rotate에서 Angle 90, Direction About U를 선택하고 Apply를 선택한다.

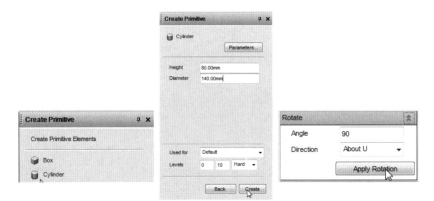

그림 8-69: Cylinder

Position에서 X 0 Y 110 Z 0을 입력한다.

그림 8-70: Position

Primitives 메뉴에서 Box를 선택하고 X 472, Y 472, Z 472를 입력하고 Create 를 선택한다. Position에서 X 0 Y 386 Z 0을 입력한다.

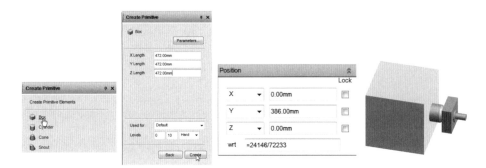

그림 8-71: Box

Primitive 메뉴에서 Extrusion을 선택한다. Thickness에 165를 입력하고 Explicitly defined position을 선택한다. Define Vertex에서 X 0 Y 0 Z 0을 입력하고 Apply를 선택한다. Define Vertex에서 Dismiss를 선택한다. Crete Extrusion에서 OK를 선택한다.

그림 8-72: Define Vertex

Design Explore에서 EXTR 1 ➡ LOOP 1 ➡ VERT 1을 선택하고 오른쪽 마우스로 Attribute를 선택한다. Fradius를 186을 입력한다.

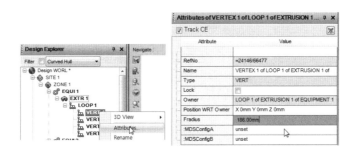

그림 8-73: Fradius

VERT 2를 선택하고 오른쪽 마우스로 Attribute를 선택한다. Fradius를 186을 입력한다.

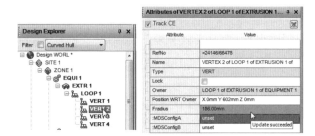

그림 8-74: Fradius

VERT 3을 선택하고 오른쪽 마우스로 Attribute를 선택한다. Fradius를 186을 입력한다.

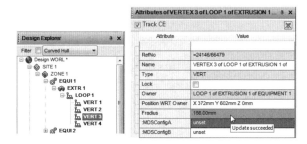

그림 8-75: Fradius

VERT 4를 선택하고 오른쪽 마우스로 Attribute를 선택한다. Fradius를 186을 입력한다.

그림 8-76: Fradius

메뉴에서 Settings ➡ Graphics를 선택하고 메뉴에서 Arc Tolerance에 1을 입력

하고 Apply를 선택한다.

그림 8-77: Graphics

Design Explore에서 EXTR 1을 선택하고 메뉴에서 Connect ➡ Primitive ➡ ID Point를 선택한다.

그림 8-78: ID Point

화살표 모양의 P-Point를 클릭하고, 이어서 Box의 P-Point를 클릭한다. Confirm 창에서 No를 선택한다.

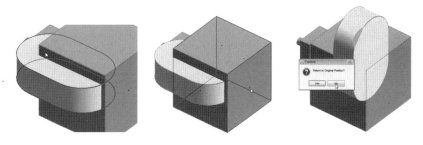

그림 8-79: P-Point

형상을 확인하고, 메뉴에서 Position ➡ Move를 선택하고 Move 창에서 Direction

X, Distance -165를 입력하고 Apply를 선택한다.

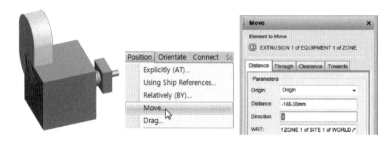

그림 8-80: Move

Move 창에서 Direction Y, Distance 165를 입력하고 Apply를 선택한다.

그림 8-81: Move

Move 창에서 Direction Z, Distance -330을 입력하고 Apply를 선택한다. Move 창에서 Direction X, Distance -20을 입력하고 Apply를 선택한다.

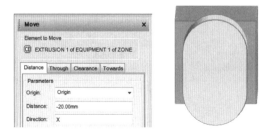

그림 8-82: Move

Move 창에서 Direction Z, Distance 20을 입력하고 Apply를 선택한다.

그림 8-83: Move

Design Explore에서 EXTR 1을 선택하고 Primitive 메뉴에서 Extrusion을 선택
한다. Thickness에 300을 입력한다. Explicitly defined position을 선택한다.
Define Vertex에서 X 0 Y 0 Z 0을 입력하고 Apply를 선택한다.

그림 8-84: Define Vertex

Design Explore에서 EXTR 1 ➡ LOOP 1 ➡ VERT 2를 선택하고 오른쪽 마우
스로 Attribute를 선택한다. Fradius를 250을 입력한다. VERT 3을 선택하고 오른
쪽 마우스로 Attribute를 선택한다. Fradius를 250을 입력한다.

그림 8-85: Fradius

Design Explore에서 EXTR 1을 선택하고 메뉴에서 Orientate ➡ Rotate를 선택한다.

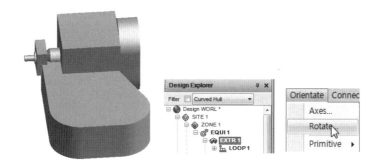

그림 8-86: Rotate

Rotate에서 Angle 90, Direction X를 선택하고 Apply를 선택한다.

그림 8-87: Rotate

메뉴에서 Position ➡ Move를 선택하고 Distance 790, Direction Y를 입력하고 Apply를 선택한다.

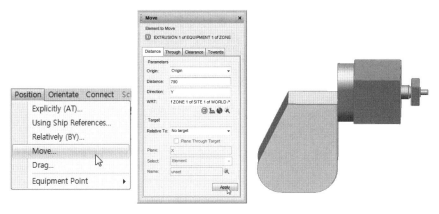

그림 8-88: Move

메뉴에서 Orientate ➡ Rotate를 선택한다. Rotate에서 Angle 90, Direction X 를 선택하고 Apply를 선택한다.

그림 8-89: Rotate

Rotate에서 Angle 90, Direction Y를 선택하고 Apply를 선택한다. Rotate에서 Dismiss를 선택한다.

그림 8-90: Rotate

Design Explore에서 EQUI 1을 선택하고 메뉴에서 Model Editor를 선택한다.

그림 8-91: Model Editor

마우스로 EQUI를 선택하고 오른쪽 마우스로 Edit Members of EQUIPMENT를
선택한다. FAN을 선택한다.

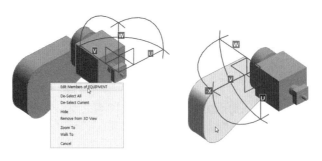

그림 8-92: Edit Members of EQUIPMENT

마우스로 -x 방향으로 180도 회전시킨다.

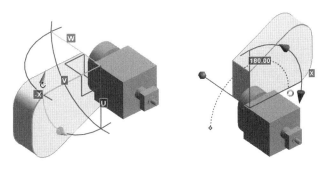

그림 8-93: Rotate

마우스로 -x 방향으로 -180도 회전시킨다.

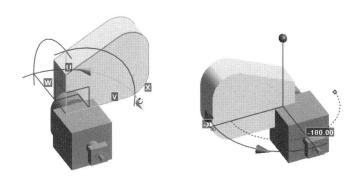

그림 8-94: Rotate

메뉴에서 Model Editor를 선택하여 비활성화 한다. Design Explore에서 EXTR 1을 선택하고 메뉴에서 Position ➡ Move를 선택한다.

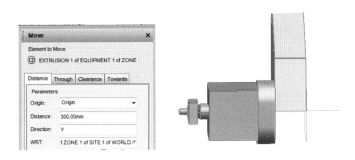

그림 8-95: Mov

Move에서 Distance -300, Direction Z를 입력하고 Apply를 선택한다.

그림 8-96: Mov

Move에서 Distance 500, Direction X를 입력하고 Apply를 선택한다.

그림 8-97: Move

Primitives 메뉴에서 Box를 선택하고 X Length 520, Y Length 320, Z Length 10을 입력하고 Create를 선택한다.

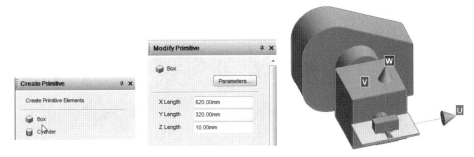

그림 8-98: Box

Primitives 메뉴에서 Cone을 선택하고 Top Diameter 100, Bottom Diameter 200, Height 80을 선택하고 Create를 선택한다.

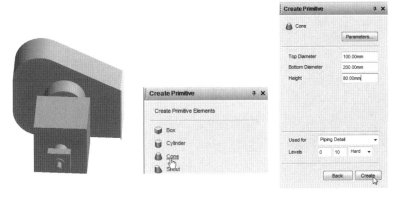

그림 8-99: Cone

Rotate에서 Angle 90, Direction About U를 선택하고 Apply를 선택한다. Rotate에서 Angle 180, Direction About U를 선택하고 Apply를 선택한다.

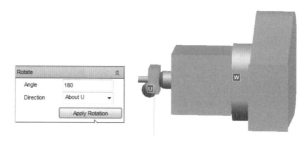

그림 8-100: Rotate

Position에서 X 300 Y 1150 Z -150을 입력한다.

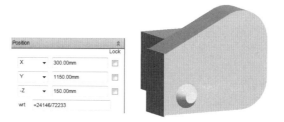

그림 8-101: Position

형상을 확인한다.

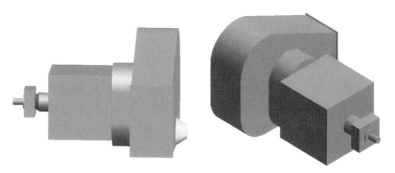

그림 8-102: Primitives

Primitives 메뉴에서 Cone을 선택하고 Top Diameter 30, Bottom Diameter 50, Height 10을 선택하고 Create를 선택한다. Position에서 X 10 Y 0 Z 110을

입력한다. Rotate에서 Angle 90, Direction About W를 선택하고 Apply를 선택한다.

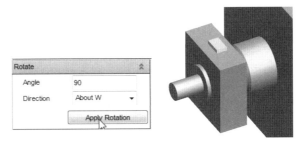

그림 8-103: Rotate

Rotate에서 Angle 90, Direction About W를 선택하고 Apply를 선택한다.

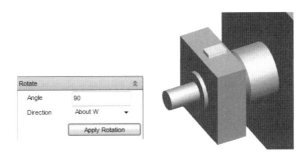

그림 8-104: Rotate

Primitives 메뉴에서 Circular Torus를 선택한다. Inside radius에 20, Outside Radius에 30을 입력하고 Angle에 90을 입력하고 Create를 선택한다. Design Explore에서 CTOR 1을 선택하고 3D 뷰에서 Walk To ➡ Selection을 선택한다. 메뉴에서 Connect ➡ Primitive ➡ ID Point를 선택하고 Torus의 P-Point를 클릭한다. Design Explore에서 BOX 3을 선택하고 3D 뷰에서 Walk To ➡ Entire Draw List를 선택한다.

그림 8-105: ID Point

BOX 3의 P-Point를 선택한다. Confirm 창에서 No를 선택한다.

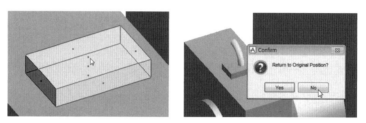

그림 8-106: ID Point

메뉴에서 Orientate ➡ Rotate를 선택한다. Rotate에서 Angle 90, Direction Y
를 선택하고 Apply를 선택한다.

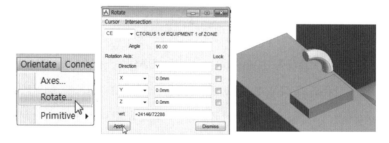

그림 8-107: Rotate

Design Explore에서 CTOR 1을 선택하고 메뉴에서 Modify ➡ Primitive를 선택
한다. Position에서 X 10 Y 25 Z 110을 입력한다.

그림 8-108: Position

Primitives 메뉴에서 Cylinder를 선택한다. Height 300, Diameter 10을 입력하고 Create 버튼을 클릭한다. Rotate에서 Angle 90, Direction About U를 선택하고 Apply를 선택한다.

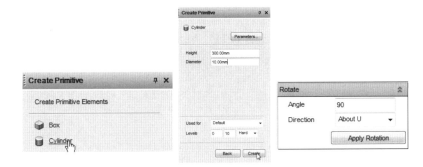

그림 8-109: Cylinder

Position에서 X 10 Y 175 Z 135를 입력한다.

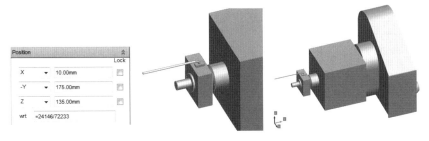

그림 8-110: Position

모델이 완성된다.

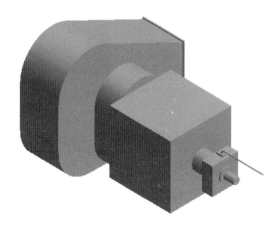

그림 8-111: Ventilation Fan

9장 : Equipment Vessel

9-1. Equipment Vessel 실습 1

9-1-1. Equipment Vessel 실습 1

다음 Equipment Vessel을 모델링한다.

그림 9-1: Vessel

Primitives 메뉴에서 Box를 선택하고 X 90, Y 250, Z 30을 입력한다. Next를 선택한다.

그림 9-2: Box

Primitives 메뉴에서 Box를 선택하고 X 100, Y 260, Z 10을 입력한다. Create를 선택하고 Position에 Z -20을 입력한다. Next를 선택한다.

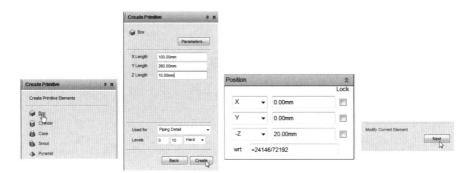

그림 9-3: Box

Primitives 메뉴에서 Box를 선택하고 X 75, Y 225, Z 30을 입력한다. Create를 선택한다.

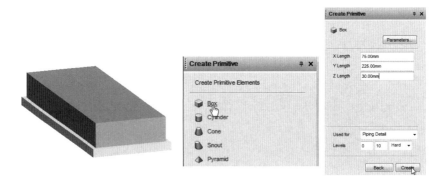

그림 9-4: Box

Position에 Z -40을 입력한다. Next를 선택한다.

그림 9-5: Position

Rotate에서 Angle 72도를 입력하고 두 번 Apply를 선택한다.

그림 9-6: Rotate

Next를 누른다.

그림 9-7: Negative Box

메뉴에서 Settings ➡ Graphics를 선택하고 메뉴에서 Holes Drawn을 체크하고 Arc Tolerance에 1을 입력하고 Apply를 선택한다.

그림 9-8: Holes Drawn

모델이 완성된다.

그림 9-9: Vessel

9-1-2. Equipment Vessel 실습 2

다음 Equipment Vessel을 모델링한다.

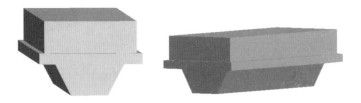

그림 9-10: Vessel

Primitives 메뉴에서 Box를 선택하고 X 90, Y 250, Z 30을 입력한다. Next를 선택한다. Primitives 메뉴에서 Box를 선택하고 X 100, Y 260, Z 10을 입력한다.

Position에서 X 0 Y 0 Z -20을 입력한다. Next를 선택한다.

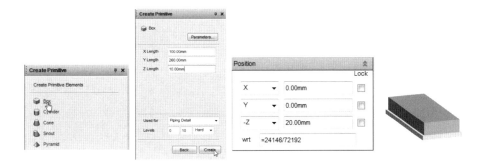

그림 9-11: Box

Primitives 메뉴에서 Box를 선택하고 X 35, Y 225, Z 30을 입력한다. Position
에서 X 0 Y 0 Z -40을 입력한다. Next를 선택한다.

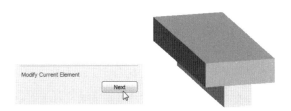

그림 9-12: Box

Primitives 메뉴에서 Pyramid를 선택하고 X Top 32, Y Top 225, X Bottom
0, Y Bottom 225, Height 30을 입력한다. Position에서 X 18 Y 0 Z -40을 입력
한다.

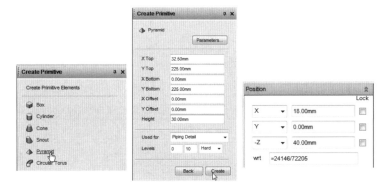

그림 9-13: Pyramid

Next를 선택한다.

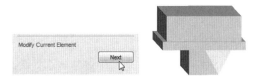

그림 9-14: Pyramid

Design Explore에서 PYRA 1을 선택하고 메뉴에서 Create ➡ Copy ➡ Mirror 를 선택한다. Direction을 X로 선택하고 Apply를 선택한다.

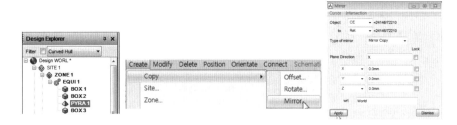

그림 9-15: Copy Mirror

Confirm 창에서 Yes를 선택하고 메뉴에서 Dismiss를 선택한다.

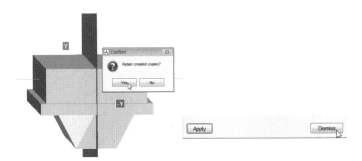

그림 9-16: Confirm

모델이 완성된다.

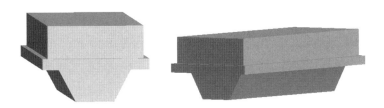

그림 9-17: Vessel

9-1-3. Equipment Vessel 실습 3

다음 Equipment Vessel을 Pyramid를 사용하여 모델링한다.

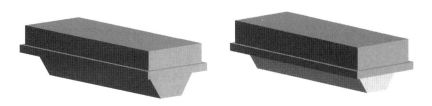

그림 9-18: Vessel

Primitives 메뉴에서 Box를 선택하고 X 90, Y 250, Z 30을 입력한다. Next를 선택한다.

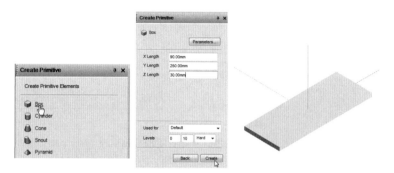

그림 9-19: Box

Primitives 메뉴에서 Box를 선택하고 X 100, Y 260, Z 10을 입력한다.
Position에서 X 0 Y 0 Z -20을 입력한다. Next를 선택한다. Primitives 메뉴에서
Pyramid를 선택하고 X Top 75, Y Top 225, X Bottom 35, Y Bottom 225,
Height 30을 입력한다. Position에서 X 0 Y 0 Z -35를 입력한다. Next를 선택한
다.

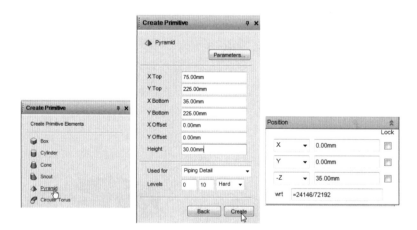

그림 9-20: Pyramid

모델이 완성된다.

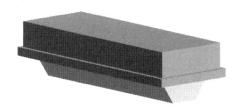

그림 9-21: Vessel

9-1-4. Equipment Vessel 실습 4

다음 Equipment Vessel을 Extrusion을 사용하여 모델링한다.

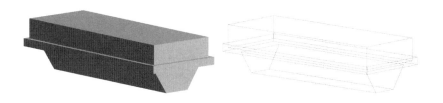

그림 9-22: Vessel

치수를 확인한다.

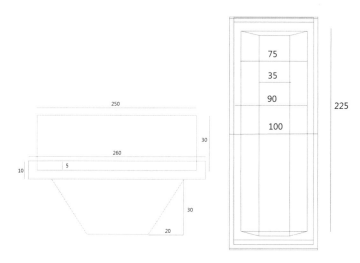

그림 9-23: Vessel

Primitives 메뉴에서 Box를 선택하고 X 250, Y 100, Z 10을 입력하고 Create를 선택한다. Position에서 X 0 Y 0 Z -30을 입력하고 Next를 선택한다. Primitives 메뉴에서 Box를 선택하고 X 250, Y 90, Z 30을 입력하고 Create를 선택한다. Position에서 X 0 Y 0 Z -15를 입력하고 Next를 선택한다. Primitive 메뉴에서 Extrusion을 선택한다. Thickness에 225를 입력하고 Explicitly defined position을 선택한다.

그림 9-24: Extrusion

Define Vertex에서 X 0 Y 0 Z 0을 입력하고 Apply를 선택한다. Define Vertex에서 X 30 Y 20 Z 0을 입력하고 Apply를 선택한다.

그림 9-25: Define Vertex

Define Vertex에서 Dismiss를 선택한다. Crete Extrusion에서 OK를 선택한다. 명령어 창에서 POS X -112 Y -37 Z -35를 입력한다.

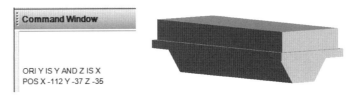

그림 9-26: Command Window

9-2. Equipment Vessel 실습 2

다음 Equipment Vessel을 사용하여 모델링한다.

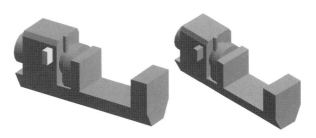

그림 9-27: Vessel

치수를 확인한다.

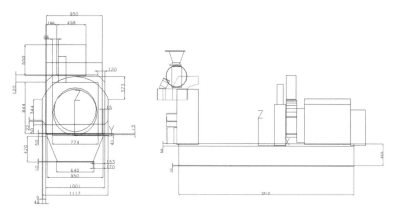

그림 9-28: Vessel

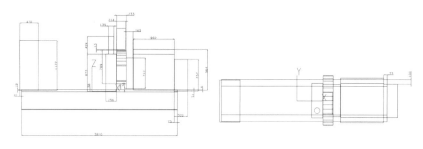

그림 9-29: Vessel

　　Primitives 메뉴에서 Box를 선택하고 X 630, Y 3800, Z 10을 입력하고 Create 를 선택한다.

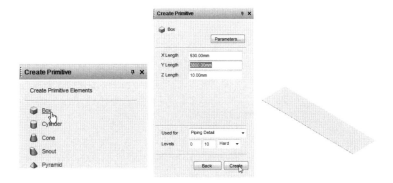

그림 9-30: Box

Primitives 메뉴에서 Pyramid를 선택하고 X Top 530, Y Top 3800, X Bottom 950, Y Bottom 3800, Height 410을 입력하고 Create를 선택한다.

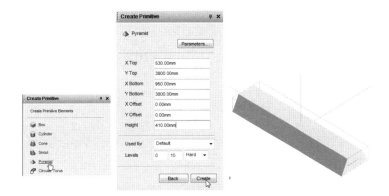

그림 9-31: Pyramid

Rotate에서 Angle 180, Direction About U를 선택하고 Apply를 선택한다. Position에서 X 0 Y 0 Z 210을 입력한다.

그림 9-32: Rotate

Primitives 메뉴에서 Box를 선택하고 X 950, Y 3810, Z 30을 입력하고 Create
를 선택한다. Position에서 X 0 Y 0 Z 430을 입력한다.

그림 9-33: Box

Primitives 메뉴에서 Box를 선택하고 X 950, Y 470, Z 750을 입력하고 Create
를 선택한다. Position에서 X 0 Y -1670 Z 810을 입력한다.

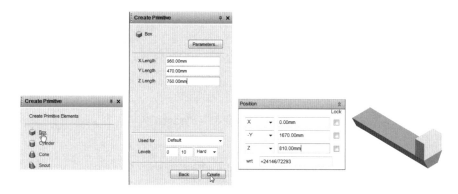

그림 9-34: Box

Primitives 메뉴에서 Box를 선택하고 X 950, Y 990, Z 1020을 입력하고
Create를 선택한다.

그림 9-35: Box

Position에서 X 0 Y 1200 Z 950을 입력한다.

그림 9-36: Position

Primitives 메뉴에서 Cylinder를 선택하고 Height 320, Diameter 750을 입력하고 Create를 선택한다. Rotate에서 Angle 90, Direction About U를 선택하고 Apply를 선택한다.

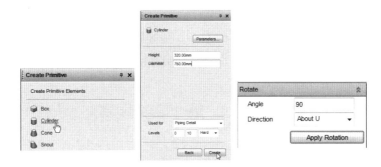

그림 9-37: Cylinder

Position에서 X 0 Y 1855 Z 900을 입력한다.

그림 9-38: Position

Primitives 메뉴에서 Cylinder를 선택하고 Height 165, Diameter 750을 입력하고 Create를 선택한다.

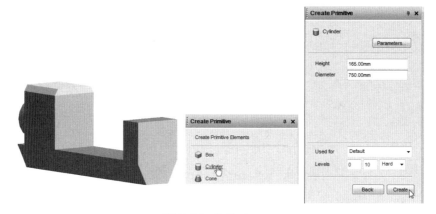

그림 9-39: Cylinder

Rotate에서 Angle 90, Direction About U를 선택하고 Apply를 선택한다. Position에서 X 0 Y 622.5 Z 950을 입력한다. Next를 선택한다.

그림 9-40: Rotate

형상을 확인한다.

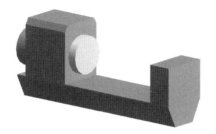

그림 9-41: Rotate

Primitives 메뉴에서 Pyramid를 선택한다. Rotate에서 Angle 90, Direction About W를 선택하고 Apply를 선택한다. Rotate에서 Angle 90, Direction About V를 선택하고 Apply를 선택한다. Position에서 X 0 Y 425 Z 500을 입력한다. Next를 선택한다.

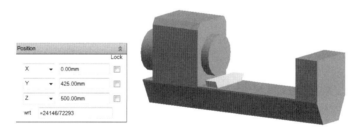

그림 9-42: Position

Primitives 메뉴에서 Box를 선택하고 X 950, Y 230, Z 345를 입력하고 Create 를 선택한다. Position에서 X 0 Y 425 Z 730을 입력한다.

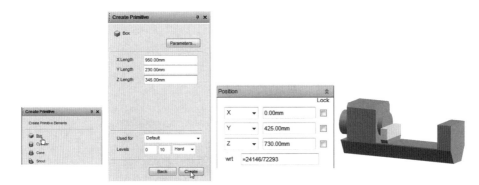
그림 9-43: Box

Primitive 메뉴에서 Rectangular Torus를 선택한다.

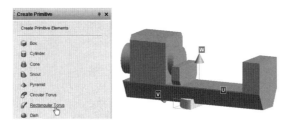
그림 9-44: Rectangular Torus

Rotate에서 Angle 90, Direction About U를 선택하고 Apply를 선택한다. Position에서 X 0 Y 425 Z 900을 입력한다.

그림 9-45: Rotate

Primitives 메뉴에서 Box를 선택하고 X 950, Y 250, Z 770을 입력하고 Create 를 선택한다. Position에서 X 0 Y 180 Z 820을 입력한다.

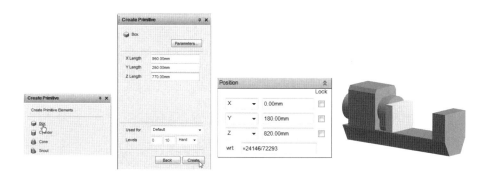

그림 9-46: Box

Primitives 메뉴에서 Cylinder를 선택하고 Height 420, Diameter 130을 입력하고 Create를 선택한다. Position에서 X 200 Y 622.5 Z 1450을 입력한다.

그림 9-47: Cylinder

Primitives 메뉴에서 Box를 선택하고 X 400, Y 150, Z 350을 입력하고 Create를 선택한다. Position에서 X 500 Y 900 Z 1200을 입력한다.

그림 9-48: Box

10장 : Equipment Negative Primitive

10-1. Equipment Negative Primitive 실습 1

10-1-1. Equipment Negative Primitive 실습 1

Primitives 메뉴에서 Cylinder를 선택한다. 높이 500과 지름 300을 입력하고 Create를 클릭한다. Dish를 선택한다. Primitives Dish 메뉴가 나타나고 지름 300, 높이 100을 입력하고 Create 버튼을 클릭한다.

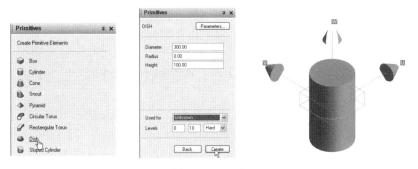

그림 10-1: Dish

Primitives 메뉴에서 Dish를 선택하고 실린더의 원점에서 Z 250을 입력하고 Next 를 클릭한다.

그림 10-2: Dish Position

Primitives에서 Switch to Negative Primitive를 선택한다.

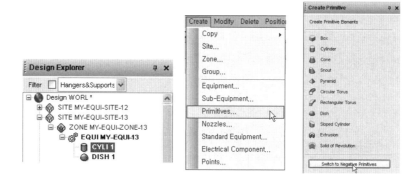

그림 10-3: Primitives Negative

Primitives에서 Switch to Negative Primitive를 선택한다.

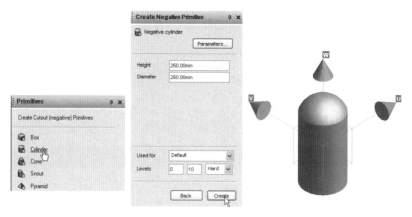

그림 10-4: Negative Cylinder

Primitives에서 Cylinder를 선택한다. Create Negative Primitives에서 Height 250, Diameter 250을 입력하고 Create 버튼을 클릭한다. Rotate에 90도를 방향에 About X를 입력하고 Apply Rotation 버튼을 선택하고 Next를 클릭한다.

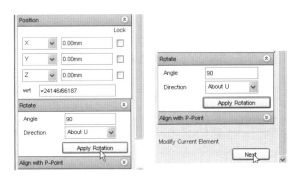

그림 10-5: Rotate

Design Explore를 선택하고, NCYN 1을 선택하고 실린더를 회전시킨다.

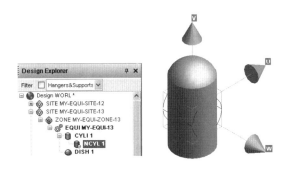

그림 10-6: Negative Cylinder

실린더는 올바른 위치로 이동이 필요하다. 장비를 선택하고 Model Editor 툴바에서 Model Editor 아이콘을 선택한다.

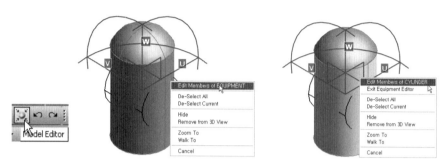

그림 10-7: Edit Members of Equipment

마우스로 W축을 오른쪽 방향으로 100 만큼 드래그 한다. negative한 실린더의 부분을 마우스 오른쪽으로 클릭하면 Edit 메뉴가 나타난다.

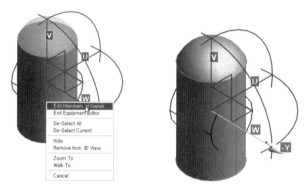

그림 10-8: Edit Members of Owner

만일 마우스로 다른 곳을 선택하여 비활성화가 된 경우에는 Edit을 다시 실행한다.

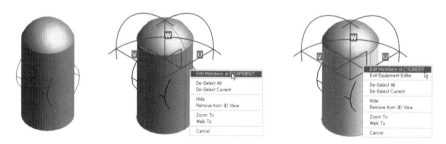

그림 10-9: Edit Members of Equipment

마우스로 Negative 실린더 부분을 드래그 한 후에 마우스 오른쪽을 클릭하여 Edit 메뉴를 활성화 한다.

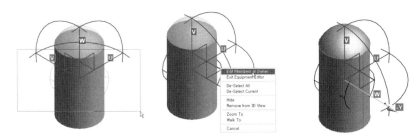

그림 10-10: Edit Members of Owner

negative 실린더를 요구된 위치로 이동시킨다.

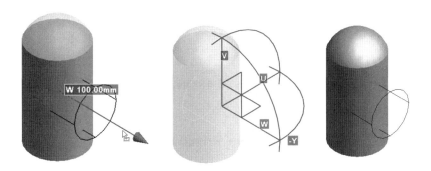

그림 10-11: Negative Cylinder

Hole을 보기 위하여 settings ➡ Graphics를 선택한다. graphics settings 메뉴가 나타나면, representation 탭을 선택하고 Holes Drawn 상자를 선택하고 Apply 버튼을 클릭한다.

그림 10-12: settings Graphics

메뉴에서 Settings ➡ Graphics를 선택하고 메뉴에서 Holes Drawn을 체크하고 Arc Tolerance에 1을 입력하고 Apply를 선택한다.

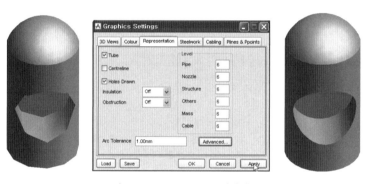

그림 10-13: negative 실린더

10-1-2. Equipment Negative Primitive 실습 2

메뉴에서 Create ➡ Primitive를 선택하고 Cylinder를 선택한다. 높이 2500과 지름 1500을 입력하고 Create를 선택한다. Next를 선택하고 Dish를 선택한다. Primitives Dish 메뉴가 나타나고 지름 1500, 반지름 50, 높이 200을 입력하고 Create 버튼을 선택한다. 메뉴에서 Create ➡ Copy ➡ Mirror를 선택한다.

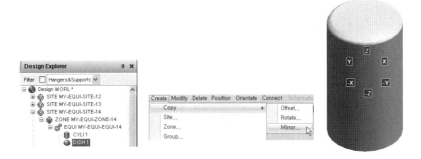

그림 10-14: Mirror

Mirror 창에서 -Z 축 방향을 선택하고 Apply를 클릭한다.

그림 10-15: Mirror

Confirm 창에서 Yes를 선택한다. 메뉴에서 Create ➡ Primitive를 선택하고 Cylinder를 선택한다. 높이 750과 지름 850을 입력하고 Create를 선택한다. Position에서 X 0 Y -450, Z -550을 입력한다.

그림 10-16: Create Cylinder

Rotate에서 Angle -90, Direction About U를 선택한다. Next를 선택한다.

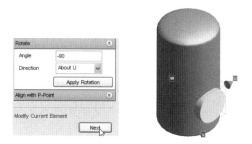

그림 10-17: Rotate

Primitives에서 Switch to Negative Primitive를 선택한다.

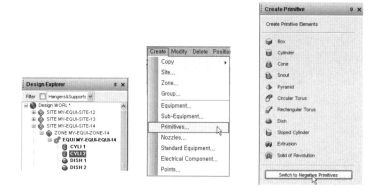

그림 10-18: Negative Primitive

Primitives에서 Cylinder를 선택한다. Create Negative Primitives에서 Height 500, Diameter 800을 입력하고 Create 버튼을 클릭한다. 실린더를 선택하고 F8을 선택한다. Position에서 X 0 -Y 0 -Z 200을 입력한다.

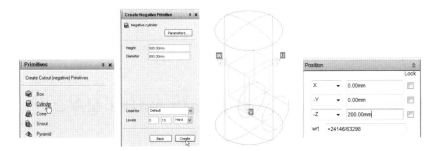

그림 10-19: Negative Cylinder

실린더를 선택하고 F8을 선택한다.

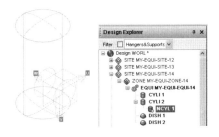

그림 10-20: Negative Cylinder

또는 마우스로 드래그 한다. 만일 마우스로 다른 곳을 선택하여 비활성화가 된 경우에는 Edit을 다시 실행한다.

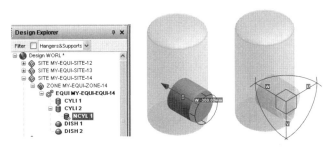

그림 10-21: Negative Cylinder

Hole을 보기 위하여 settings ➡ Graphics를 선택한다. graphics settings 메뉴

가 나타나며 representation 탭을 선택하고 Holes Drawn 상자를 선택하고 Apply 버튼을 선택한다.

10-2. Equipment Negative Primitive 실습 2

다음 Equipment를 Negative Primitive를 사용하여 모델링한다.

BOX : X 1500 Y 1500 Z 1500
Cylinder Diameter 600, Height 1000

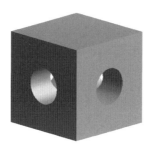

그림 10-22: Negative Primitive

Primitive 메뉴에서 Box를 선택하고 X 1500, Y 1500, Z 1500을 입력한다. Position에서 X 0 Y 250, Z 0을 입력한다. Rotate에 Angle 90, Direction About U를 선택한다. Negative가 완성된다.

그림 10-23: Position

Model Editor를 선택하여 활성화하고. 오른쪽 마우스로 Edit Member of EQUIPMENT를 선택한다. Edit Member of BOX를 선택한다.

그림 10-24: Model Editor

Model Editor를 사용하여 W -550 이동한다.

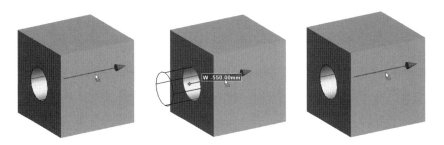
그림 10-25: Model Editor

Model Editor를 선택하여 비활성화 한다. Design Explore에서 NCYL 1을 선택하고 메뉴에서 Create ➡ Copy ➡ Rotate를 선택한다.

그림 10-26: Copy Rotate

메뉴에서 Number of Copies에 3을, Direction은 Z를 입력한다.

그림 10-27: Copy Rotate

Confirm 창에서 Yes를 선택한다.

그림 10-28: Confirm

Negative가 완성된다. Hole을 3D 뷰에서 나타나게 하기 위하여 settings ➡ Graphics를 선택한다. graphics settings 메뉴가 나타나며, representation 탭을 선택하고, Holes Drawn 상자를 선택하고 Apply 버튼을 선택한다.

그림 10-29: graphics settings

만일 Holes Drawn이 체크되어 있지 않으면 아래와 같이 점선으로 표시된다. Holes Drawn을 체크하고 Arc Tolerance를 1로 설정한다.

그림 10-30: Holes Drawn

10-3. Equipment Negative Primitive 실습 3

다음 Equipment를 Negative Primitive를 사용하여 모델링한다.

BOX : X 3000 Y 3000 Z 3000
Cylinder Diameter 600, Height 1000

그림 11-31: Negative Primitive

Primitive 메뉴에서 Box를 선택하고 X 3000, Y 3000, Z 3000을 입력한다.

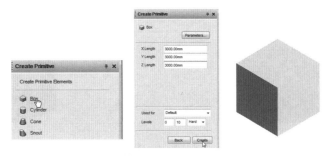

그림 10-32: Box

Primitive 메뉴에서 Cylinder를 선택하고 Height 1000, Diameter 600을 입력한다. Position에서 Z 1500을 입력한다.

그림 10-33: Position

Primitive 메뉴에서 negative를 선택하고 Cylinder를 선택한다.

그림 10-34: negative Cylinder

Position에서 Z 400을 입력한다.

그림 10-35: Position

Design Explore에서 CYL 1을 선택하고 메뉴에서 Create ➡ Rotate를 선택한다.

그림 10-36: Create Rotate

Number of Copies에 3, Angle 90, Rotation Axis에서 Direction에 X를 입력
한다. Confirm에서 Yes를 선택하고 Dismiss를 선택한다.

그림 10-37: Create Rotate

복사가 완성된다.

그림 10-38: Negative Primitive

10-4. Equipment Negative Primitive 실습 4

다음 Equipment를 Negative Primitive를 사용하여 모델링한다.

BOX : X 600 Y 300 Z 1000, BOX : X 600 Y 50 Z 1000
Cylinder dia 300, hei 300, Cylinder dia 60, hei 300

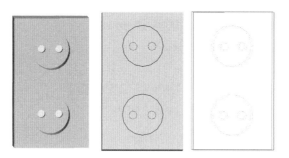

그림 10-39: Negative Primitive

Primitive 메뉴에서 Box를 선택하고 X 600, Y 300, Z 1000을 입력한다.

그림 10-40: Box

Next를 선택하고 Primitive 메뉴에서 Negative를 선택하고 Cylinder를 선택한다.

그림 10-41: Negative Cylinder

Primitive 메뉴에서 Cylinder를 선택하고 Height 300, Diameter 300을 입력한다. Position에 X 0, -Y 100, Z 250을 입력한다.

그림 10-42: Negative Cylinder

Rotate에 Angle 90, Direction About U를 선택한다. Next를 클릭한다.

그림 10-43: Rotate

메뉴에서 Settings ➡ Graphics를 선택하고 메뉴에서 Holes Drawn을 체크하고
Arc Tolerance에 1을 입력하고 Apply를 선택한다.

그림 10-44: Settings Graphics

Primitive 메뉴에서 Negative를 선택하고 Cylinder를 선택한다. Rotate에 Angle
90, Direction About U를 선택한다. Next를 선택한다.

그림 10-45: Rotate

Primitive 메뉴에서 Negative를 선택하고 Cylinder를 선택한다. Height 300,
Diameter 60을 입력한다. Position에서 X -70 Y 0, Z 250을 입력한다.

그림 10-46: Negative Cylinder

Rotate에 Angle 90, Direction About U를 선택한다. Next를 선택한다.

그림 10-47: Rotate

Primitive 메뉴에서 Negative를 선택하고 Cylinder를 선택한다. Height 300, Diameter 60을 입력한다. Position에서 X 70 Y 0, Z -250을 입력한다.

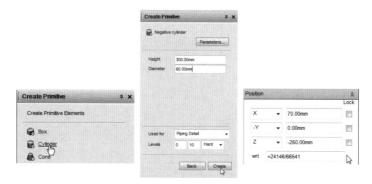

그림 10-48: Negative Cylinder

Rotate에 Angle 90, Direction About U를 선택한다. Next를 선택한다.

그림 10-49: Rotate

Primitive 메뉴에서 Negative를 선택하고 Cylinder를 선택한다. Height 300, Diameter 60을 입력한다. Position에서 X -70, Y 0, Z -250을 입력한다.

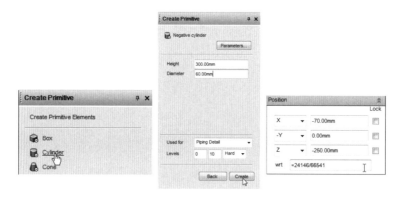

그림 10-50: Position

Rotate에 Angle 90, Direction About U를 선택한다. Next를 선택한다.

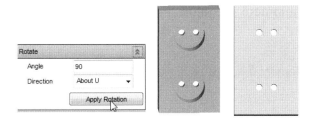

그림 10-51: Rotate

Primitive 메뉴에서 Box를 선택한다. X 600, Y 50, Z 1000을 입력한다. Position에서 X 0, Y 150, Z 0을 입력한다. Next를 선택한다.

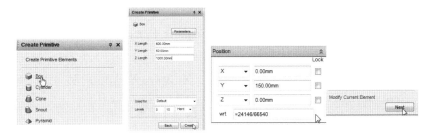

그림 10-52: Box

모델은 완성된다.

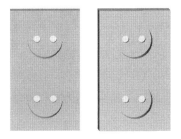

그림 10-53: Equipment

10-5. Equipment Negative Primitive 실습 5

10-5-1. Equipment Negative Primitive 실습 1

다음 Equipment를 Circular Torus를 사용하여 모델링한다.

BOX : X 300 Y 1500 Z 1000, Circular Torus

그림 10-54: Negative Primitive

Primitive 메뉴에서 Box를 선택한다. X 300, Y 1500, Z 1000을 입력한다. Next를 선택한다.

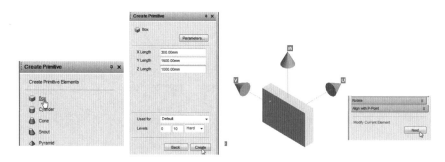

그림 10-55: Box

Primitive 메뉴에서 Circular Torus를 선택한다. Inside radius 600, Outside radius 750을 입력한다. Angle 180을 입력한다.

그림 10-56: Circular Torus

Rotate에서 Angle 90을 입력하고, Direction About U를 선택한다.

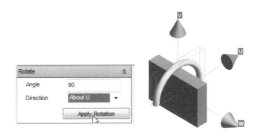

그림 10-57: Rotate

Rotate에서 Angle 90을 입력하고, Direction About V를 선택한다.

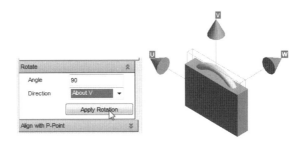

그림 10-58: Rotate

Position에서 X 0, Y 0, Z 500을 입력한다. Next를 선택한다.

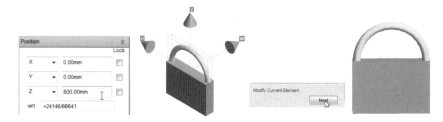

그림 10-59: Position

10-5-2. Equipment Negative Primitive 실습 2

다음 Equipment를 Rectangular Torus를 사용하여 모델링한다.

BOX : X 300 Y 1500 Z 1000, Rectangular Torus

그림 10-60: Negative Primitive

Primitive 메뉴에서 Box를 선택한다. X 300, Y 1500, Z 1000을 입력한다.
Next를 선택한다.

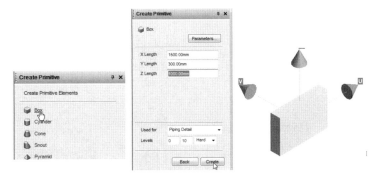

그림 10-61: Box

Primitive 메뉴에서 Rectangular Torus를 선택한다. Inside radius 0, Outside radius 750, Height 300, Angle 180을 입력한다. Next를 선택한다. Position에서 X 0, Y 0, Z 500을 입력한다.

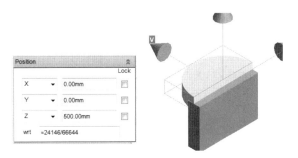

그림 10-62: Position

Rotate에 Angle 90, Direction About U를 선택하고 Apply를 선택한다.

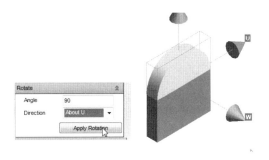

그림 10-63: Rotate

Modify ➡ Primitive에서 Inside radius 650, Outside radius 750, Height 300, Angle 180을 입력한다. Next를 선택한다.

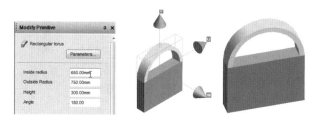

그림 10-64: Modify Primitive

10-5-3. Equipment Negative Primitive 실습 3

다음 Equipment를 Rectangular Torus와 Negative를 사용하여 모델링한다.

BOX : X 300 Y 1500 Z 1000, Rectangular Torus

그림 10-65: Negative Primitive

Primitive 메뉴에서 Box를 선택한다. X 300, Y 1500, Z 1000을 입력한다. Next를 선택한다. Primitive 메뉴에서 Rectangular Torus를 선택한다. Inside radius 0, Outside radius 750, Height 300, Angle 180을 입력한다. Next를 선택한다.

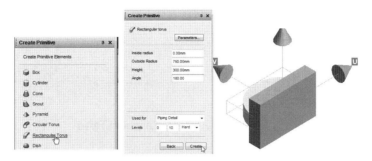

그림 10-66: Rectangular Torus

Position에서 X 0, Y 0, Z 500을 입력한다.

그림 10-67: Position

Rotate에 Angle 90, Direction About U를 선택하고 Apply를 선택한다. Next를 선택한다.

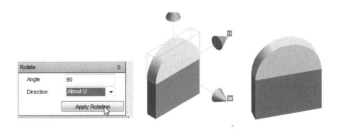

그림 10-68: Rotate

Design Explore에서 RTOR 1을 선택하고 Primitive 메뉴에서 Negative를 선택하고 Rectangular Torus를 선택한다.

그림 10-69: Rectangular Torus

Primitive 메뉴에서 Inside radius 0, Outside radius 650, Height 300, Angle 180을 입력한다.

그림 10-70: Rectangular Torus

메뉴에서 Settings ➡ Graphics에서 Holes Drawn을 체크하고 Arc Tolerance를 1로 설정하고 Apply를 선택한다. Next를 선택한다.

그림 10-71: Holes Drawn

10-6. Equipment Negative Primitive 실습 6

10-6-1. Equipment Negative Primitive 실습 1

다음 Equipment를 Negative Primitive를 사용하여 모델링한다.

BOX : X 1500 Y 1500 Z 1500

그림 10-72: Negative Primitive

Primitive 메뉴에서 Box를 선택한다. X 1500, Y 1500, Z 1500을 입력한다. Next를 선택한다.

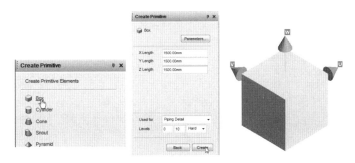

그림 10-73: Box

Primitive 메뉴에서 Negative를 선택하고 Pyramid를 선택한다. X TOP 0, Y TOP 300, X Bottom 360, Y Bottom 300, X Offset 0, Y Offset 0, Height 300을 입력하고 Create를 선택한다.

그림 10-74: Negative Pyramid

Position에서 X 0, Y 600, Z 400을 입력한다. Next를 선택한다.

그림 10-75: Position

Design Explore에서 NPYR 1을 선택하고 메뉴에서 Create ➡ Copy ➡ Rotate 를 선택한다.

그림 10-76: Copy Rotate

메뉴에서 Number of Copies 4, Angle 72, Direction Y를 입력하고 Apply를 선택한다.

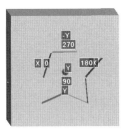

그림 10-77: Copy Rotate

Confirm 메뉴에서 Yes를 선택하고 Copy and Rotate 메뉴에서 Dismiss를 선택한다. Design Explore에서 BOX 1을 선택하고 Primitive 메뉴에서 Negative를 선택하고 Cylinder를 선택한다. Height 300, Diameter 650을 입력한다. Create를 선택한다.

그림 10-78: Negative Cylinder

Position에서 X 0, Y 600, Z 0을 입력한다. Next를 선택한다.

그림 10-79: Position

모델이 완성된다.

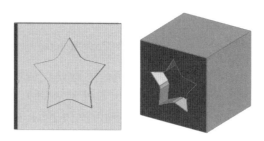

그림 10-80: Negative Primitive

10-6-2. Equipment Negative Primitive 실습 2

다음 Equipment를 Negative Primitive를 사용하여 모델링한다. 반지름 10 mm 에 내접하는 오각형을 생성한다.

그림 10-81: Negative Primitive

Primitive에서 Extrusion을 선택하고 메뉴에서 Thickness에 10을 입력한다.
Create Methode에서 Explicitly defined position을 선택한다.

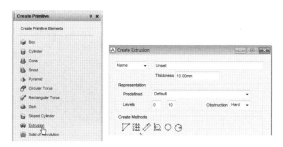

그림 10-82: Extrusion

X -8.09, Y -5.87, Z 0을 입력하고 Apply를 선택한다.

그림 10-83: Define vertex

X 3.09, Y -9.51, Z 0을 입력하고 Apply를 선택한다.

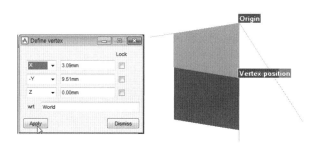

그림 10-84: Define vertex

X 10, Y 0, Z 0을 입력하고 Apply를 선택한다.

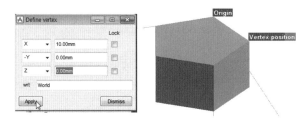

그림 10-85: Define vertex

Define Vertex 메뉴에서 Dismiss를 선택하고 Create Extrusion 메뉴에서 OK를
선택한다.

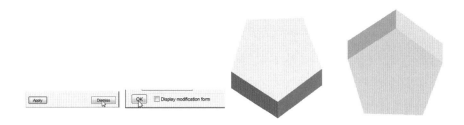

그림 10-86: Define vertex

10-6-3. Equipment Negative Primitive 실습 3

다음 Equipment를 Negative Primitive를 사용하여 모델링한다. 반지름 10 mm
에 내접하는 오각형의 별을 생성한다.

그림 10-87: Negative Primitive

Primitive에서 Extrusion을 선택하고 메뉴에서 Thickness에 10을 입력한다.
Create Methode에서 Explicitly defined position을 선택한다.

그림 10-88: Extrusion

X 10, Y 0, Z 0을 입력하고 Apply를 선택한다.

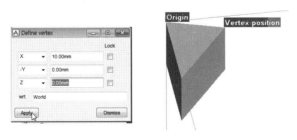

그림 10-89: Define vertex

X 3.09, Y -9.51, Z 0을 입력하고 Apply를 선택한다.

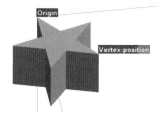

그림 10-90: Define vertex

　　Define Vertex 메뉴에서 Dismiss를 선택하고 Create Extrusion 메뉴에서 OK를 선택한다. 모델이 완성된다.

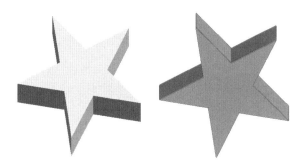

그림 10-91: Define vertex

11장 : Equipment Model Editor

11-1. Equipment Model Editor

Model Editor 모드는 Model Editor 툴바에 있는 Model Editor 아이콘을 선택으로 입력되며, 아이콘을 다시 선택함으로써 Model Editor로부터 Design Navigate로 돌아온다. 다른 방법으로는 메뉴에서 Edit ➡ Model Editor를 선택하여 Model Editor 모드를 선택한다.

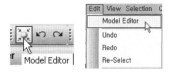

그림 11-1: Model Editor

Model Editor handle이 나타나며, Model Editor 핸들은 다음과 같다.

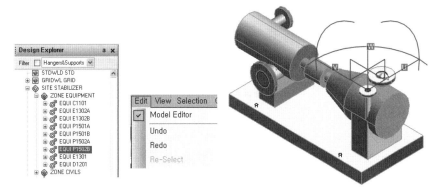

그림 11-2: Model Editor handle

11-1-1. Set Increment Values

메인 메뉴에서 Selection ➡ Set Increments를 선택한다. Set Increments 메뉴
가 나타나며 Linear increment는 드래그 될 때 핸들의 값을 변경한다.

- Linear increment(선형 증가)
  Linear increment는 현재 활성화된 단위들에서 명시되며, 또는 단위들은 AVEVA marine
  units들을 사용하여 명시 할 수 있다.

- Fine linear increment
  Fine linear increment는 linear increment와 동일한 기능을 가진다.

- Angular increment(각도 증가)
  Angular increment는 회전 핸들을 사용하면서 Graphical Selection을 드래그 할 때 사용된
  각도 step size를 제어한다. default step size는 5도이다.

U축에서 마우스 왼쪽을 클릭하고 Move Handle ➡ Enter Value를 선택한다.

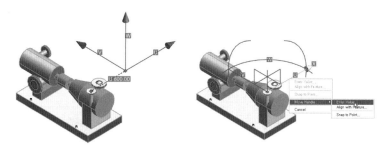

그림 11-3: Linear increment

Move Handle에서 U에 817을 입력하고, Preview를 클릭한다. Move Handle에
서 Cancel을 클릭한다.

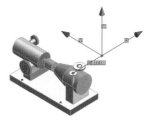

Fine linear increment

그림 11-4: Fine linear increment

W축에서 마우스 왼쪽을 클릭하고, Move Handle ➡ Enter Value를 선택한다.
Rotate Handle About Z 창에서 -65를 입력하고 Preview를 클릭한다. Rotate
Handle About Z 창에서 Cancel을 클릭한다.

그림 11-5: Angular increment

11-1-2. Locking/Unlocking Objects

사용자는 수정되거나 삭제되는 것을 방지하기 위하여, 설계 구성요소를 잠글 수 있
다. 보호에 대한 삭제나 적용을 하려면 Modify ➡ Lock을 선택한다.

그림 11-6: Lock

- Lock CE   CE만을 lock한다.
- Lock CE and below   CE와 구성요소의 구성원들을 lock한다.
- Unlock CE   CE만을 Unlock한다.
- Unlock CE and below   CE와 구성요소의 구성원들을 Unlock한다.

11-1-3. Equipment Model Editor Pop-ups

Locator Handle은 Graphical Selection에 독립적으로 이동되거나 회전될 수 있다. 이것은 사용자가 이동과 정렬 동작들을 위하여 datum(기준)을 그래픽 선택이 회전되는 회전축을 설정한다.

- The Linear Movement Handle
  드래그 동작을 위하여 선택 될 때, Locator Handle에 위치하는 핸들은 선택된 축의 방향을 따라 이동을 강요한다.

- The Planar Movement Handle
  드래그 동작을 위하여 선택 될 때, Locator Handle에 위치하는 핸들은 planar movement handle에 의하여 지시된 평면에서 이동을 강요한다.

- The Rotation Handle
  회전 동작을 위하여 선택 될 때, Locator Handle에 위치하는 핸들은 선택된 회전 핸들에 따른 축에 대한 이동을 강요한다.

The Locator Handle은 Graphical Selection을 회전하고 이동하기 위하여 3가지 방법을 제공한다.

- 선형과 평면의 Dragging 또는 마우스 포인터를 가지고 자유로운 핸들 회전
- points, P-points, P-lines를 가지고 정렬 또는 다른 항목들에서 라인(모서리)들의 신축
- world 위치, offset 거리 또는 각도 이동 값 입력

11-1-4. Linear Handle Pop-ups

다음 옵션들은 Model editor Handle에서 사용할 수 있다.

- Enter value
  입력 값은 선택된 이동 핸들을 따라 그래픽을 이동하는 값을 입력 할 수 있는 move selection 메뉴이다.

- Align with Feature
  Align with Feature는 화면에서 다른 객체와 관련하여 그래픽 선택을 위치를 선택하거나, 그래픽 선택을 선택된 축을 따라 이동 할 수 있게 초점을 잡게 한다.

- Snap to Point
  Snap to Point는 Point는 이동할 수 있도록 그래픽 선택을 가능하게 한다.
  그래픽 선택은 Linear Handle의 방향을 따라 이동하는데 제약받지 않는다.

- Move Handle
  Move Handle은 Linear Handle 메뉴처럼 동일한 이동 옵션을 사용하면서 Locator Handle을 이동 할 수 있다. 이러한 옵션은 그래픽을 이동하지 않는 Locator Handle만을 이동한다. 다른 방법으로 Move Handle의 자유로운 이동은 선택된 핸들을 가지고 H key를 누르고 왼쪽 마우스 버튼을 누름으로써 이루어진다.

- Cancel
  간단 메뉴를 삭제하고 선택한 Locator Handle을 선택 해제한다.

11-1-5. Rotation Handle Pop-up

다음 옵션은 Rotation Handle에서 사용 할 수 있다.

- Enter Value
  Rotate Selection About이 나타나며 회전축에 회전 값을 입력한다.

- Orient to Point

  Rotation Handle을 방향을 통하여 p-line을 pick 한다.

- Align with Direction

  사용자가 핸들이 어디에 정렬되어야 하는 것을 확인하게 한다. 평면은
  P-Point(pointer symbol) 또는 P-line(symbol) 방향을 표시한다.
  shift 키를 누르거나 놓거나 하여 handle의 방향을 잡는다.

- Align with

  사용자가 가능한 주어진 방향에 가까운, 또는 특정한 방향을 가진 핸들을 정렬 할 수 있는
  the Enter Direction For 〈direction〉 ➡ Axis 메뉴를 나타낸다.

- Rotate Handle

  Rotate Handle은 사용자가 메인 Rotation Handle 메뉴와 같이 동일한 이동 옵션을
  사용하면서 Locator Handle을 회전한다. 다른 방법으로 Rotate Handle의 이동은 선택된
  핸들을 가지고 H key를 누르고, 왼쪽 마우스 버튼을 눌러 이루어진다.

- Rotate Handle ➡ To World

  그래픽의 회전 없이 World co-ordinate system을 가진 Locator Handle을 정렬한다.
  Locator Handle Y축은 North을, Z축은 Up을 향한다.

- Cancel

  Cancel은 단축 메뉴를 제거하고 선택된 Locator Handle을 선택 해제한다.

11-1-6. Moving Equipment Linear (Enter Value)

Moving Equipment Linear은 수정이 필요한 장비를 가리키며, Model Editor 툴 바에서 Model Editor 아이콘을 선택하고, Model Editor Modification 핸들은 이동을 위한 장비에 나타난다. 장비를 선택하면 Rotation Handler가 나타난다. Move Selection 메뉴가 나타나며, 장비를 이동하기 위한 거리를 입력하고 Preview 버튼을 클릭한다. 만일 위치가 올바르면 OK 버튼을 클릭하고, 그렇지 않으면 Cancel 버튼을 클릭한다.

그림 11-7: Moving Equipment Linear

11-2. Equipment Moving

Design Explorer에서 STRU 3MF-FOUND_000T로 마우스를 이동하여 3D View ➡ Add를 선택한다.

그림 11-8: Add 3D View

Design Explorer에서 PUMP XX9001로 마우스를 이동하여 3D View ➡ Add를 선택한다.

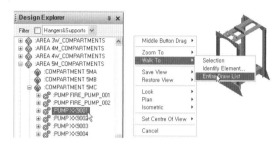

그림 11-9: Add 3D View

Design Explorer 상단에 위치한 Model Editor를 선택한다.

그림 11-10: Model Editor

Model Editor 실행 시 나타나는 핸들의 U축을 선택하고 오른쪽 마우스를 누른다. 메뉴가 나타나면 Snap to point를 누른다.

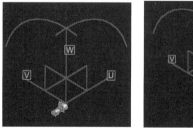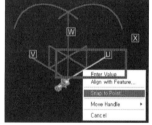

그림 11-11: Snap to point

Snap to point 후, 마우스를 이동하면 선택된 개체가 마우스를 따라온다. 마우스를 표시된 부분으로 옮기면 아래와 같이 나타난다. 세 점이 나타나면, 가운데 점을 누른다.

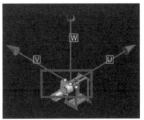

그림 11-12: Snap to point

X축을 누른 후, 안으로 900 이동한다.

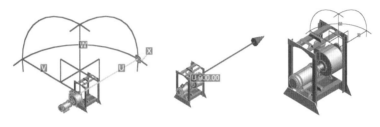

그림 11-13: 이동

11-3. 철의장 해체

장비의 해체를 위하여, Design Explorer 상단에 위치한 Model Editor를 선택한다. 표시된 개체를 선택하여 -Y축으로 이동한다. 적당한 위치에 이동시킨다.

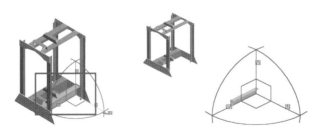

그림 11-14: Model Editor

표시된 개체를 선택하여 U축으로 이동한다. 적당한 위치에 이동시킨다.

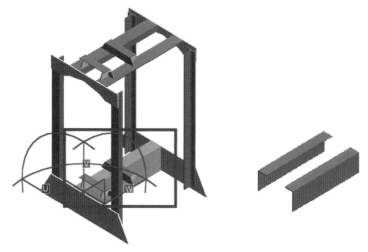

그림 11-15: Model Editor

같은 과정을 반복하여 모두 분리한다.

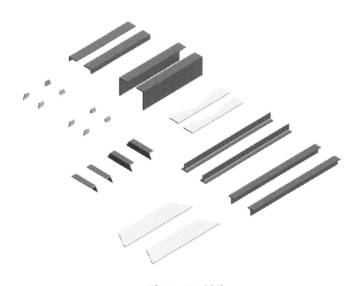

그림 11-16: 분해

11-4. 철의장 재구성

11-4-1. 철의장 재구성

분리한 부품을 준비한다.

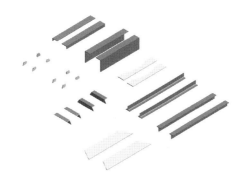

그림 11-17: 분해 부품

아래 부분부터 차례대로 조립한다. 우선 표시된 부품과 동일한 부품을 준비한다.

그림 11-18: 조립

조립하기 편하도록 부품을 선택하여 정렬시켜준다.

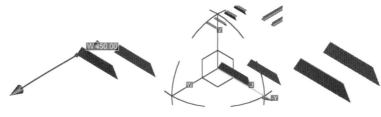

그림 11-19: 회전

아래 부분 조립에 필요한 다른 부품도 준비한다. Snap to point 기능을 이용하여 부품과 부품 사이를 맞춘다.

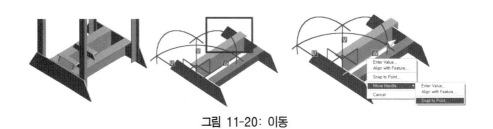

그림 11-20: 이동

서로 맞지 않는 부품을 제대로 맞추기 위해서 snap to point를 선택한 후, 옮기고자 하는 부품과 맞닿는 부분을 선택한다.

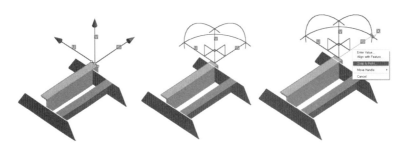

그림 11-21: snap to point

snap to point를 선택한 후, 옮기고자 하는 부품과 맞닿는 부분을 지정한다.

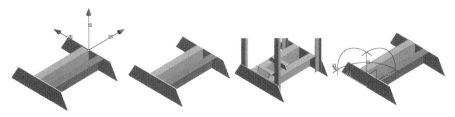

그림 11-22: snap to point

분리시킬 때, 동시에 이동시킨 네 개의 부품을 불러와 맞춘다. 제대로 맞지 않고 튀어 나오는 부분은 snap to point를 이용한다.

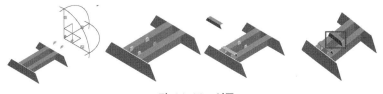

그림 11-23: 이동

네 개의 긴 부품을 준비한다. 회전시켜야 하므로, 한 번에 회전 작업을 완료시키기 위해서 부품 전체 영역을 드래그로 설정한다.

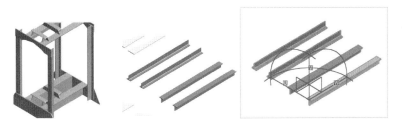

그림 11-24: 부품 준비

드래그로 영역 설정을 한 후, Z축으로 -90° 회전시킨다.

그림 11-25: 회전

X축(방향)을 선택하고 오른쪽 마우스를 누른다. 메뉴가 나타나면 Move Handle의 사이드 메뉴인 snap to point를 선택한다.

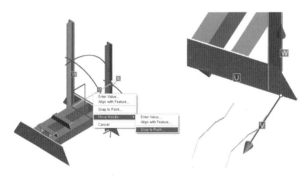

그림 11-26: snap to point

나머지 부품도 같은 방법으로 조립한다. 표시된 부품을 준비한다.

그림 11-27: 조립

X축으로 -90° 회전시킨다. 회전 후, 다시 X축으로 -90° 회전시킨다.

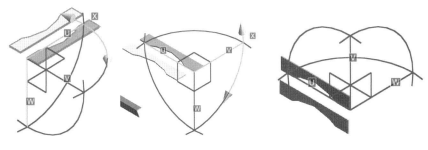

그림 11-28: 회전

X축을 누른 상태에서 오른쪽 마우스를 누른다. 메뉴가 나타나면 snap to point를
선택한다.

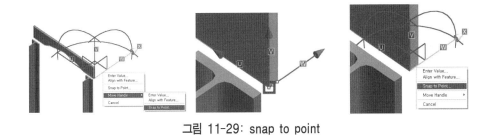

그림 11-29: snap to point

나머지 부품들을 조립하여 작업을 마무리한다. snap to point를 선택한 후, 옮기고
자 하는 부품과 맞닿는 부분을 지정한다.

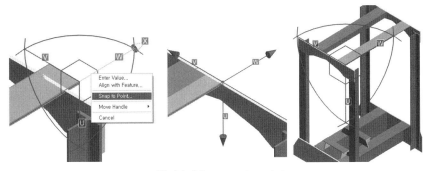

그림 11-30: snap to point

조립 완료의 3D View는 아래와 같다.

그림 11-31: 3D View

11-4-2. Moving Equipment Angular (Orient to Point)

Moving Equipment Angular는 수정될 필요가 있는 장비를 가리킨다. Model Editor 툴바에서 Model Editor 아이콘을 선택하고 Model Editor Modification은 이동할 장비 위에 나타난다.

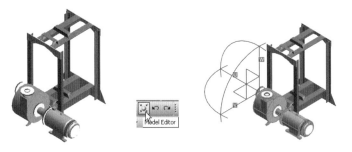

그림 11-32: Orient to Point

회전 이동 핸들 위에 오른쪽 마우스 버튼을 클릭하고, 팝업에서 Orient to Point를 선택하고 장비 위에 커서를 이동한다. 커서가 장비 위에 이동하면 그래픽 뷰는 가능한 위치들을 나타낸다. 포인트가 선택되면 마우스 버튼을 놓고 장비는 회전된다.

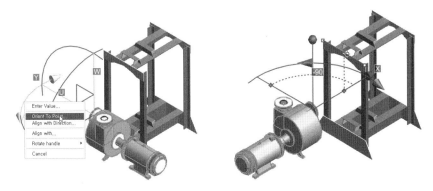

그림 11-33: Orient to Point

11-4-3. Moving an Equipment Angular (Align with Direction)

Model Editor 툴바에서 Model Editor 아이콘을 선택하고 Model Editor Modification은 이동할 장비 위에 나타난다.

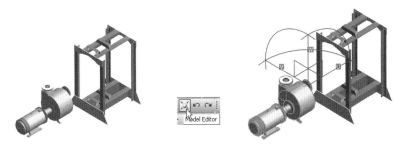

그림 11-34: Align with Direction

회전 이동 핸들 위에 오른쪽 마우스 버튼을 클릭하고, 팝업에서 Align with Direction을 선택하고 장비 위에 커서를 이동한다.

그림 11-35: Align with Direction

11-4-4. Moving Equipment Angular (Align With)

Model Editor 툴바에서 Model Editor 아이콘을 선택하고, Model Editor Modification은 이동할 장비 위에 나타난다.

그림 11-36: Align with

회전 이동 핸들 위에 마우스로 오른쪽 마우스 버튼을 클릭하고 팝업에서 Align with 를 선택한다.

그림 11-37: Align with

11-4-5. Moving Equipment Angular (Rotate Handle)

Model Editor 툴바에서 Model Editor 아이콘을 선택하고, Model Editor Modification은 이동할 장비 위에 나타난다. 회전 이동 핸들 위에 마우스로 오른쪽 마우스 버튼을 클릭하고 팝업에서 Rotate Handle ➡ Enter Value/Orient To Point/Align With Direction/Align with/ To World.를 선택한다.

그림 11-38: Rotate Handle

회전 이동 기능들은 새로운 핸들 위치에 적용될 수 있다. 만일 커서가 3D 뷰에서 클릭되면 핸들은 원래의 위치로 돌아간다.

11-4-6. Equipment Primitive 삭제

Design Explorer를 사용하여 삭제하려는 프리미티브로 이동하고, 오른쪽 마우스 버튼을 클릭하고 팝업 메뉴에서 Delete를 선택한다. 또는 Default 툴바에서 Delete CE 아이콘을 클릭한다. 또는 풀-다운 메뉴에서 Delete ➡ CE를 선택한다.

그림 11-39: Primitive 삭제

프리미티브는 design explorer와 그래픽 뷰에서 삭제된다. 또는 Design Explorer

에서 마우스 오른쪽을 눌러 Delete를 선택한다.

그림 11-40: Primitive 삭제

11-4-7. Equipment 삭제

Design Explorer를 사용하여 삭제하려는 장비로 이동하고, 오른쪽 마우스 버튼을 클릭한다. 팝업 메뉴에서 Delete를 선택한다.

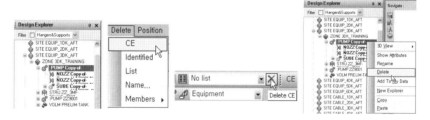

그림 11-41: Equipment 삭제

또는 Default 툴바에서 Delete CE 아이콘을 클릭한다. 또는 메뉴에서 Delete ➡ CE를 선택한다.

그림 11-42: Equipment 삭제

만일 equipment 또는 primitive가 실수로 삭제되었다면 Model Editor 툴바에서 undo 아이콘을 클릭하면 변경은 저장되지 않으며, equipment 또는 primitive는 되돌려지며 Design Explorer와 그래픽 뷰에서 볼 수 있다.

그림 11-43: Undo

11-4-8. Equipment Primitive 그래픽 편집

프리미티브들은 표준 이동 핸들을 사용하여 그래픽으로 수정 할 수 있다. 장비 편집 모드로 들어가고, 장비 프리미티브를 편집하기 위하여 Model Editor 툴바에서 Model Editor 아이콘을 클릭하여 Model Editor로 들어간다.

그림 11-44: Model Editor

장비 위에 오른쪽을 클릭하고 팝업 메뉴에서 Edit Equipment를 선택한다. 선택된 장비를 제외한 모든 다른 구성요소들이 화면표시에 반투명이 된다. 펌프의 중간부분을 오른쪽 마우스로 클릭하면 메뉴가 나온다. Edit Members of Equipment를 선택하고 다시 한 번 오른쪽 마우스를 클릭하여 Edit Members of SUBEQUIPMENT를 선택한다.

그림 11-45: Edit Members of Equipment

마우스 오른쪽을 클릭하여 메뉴에서 Edit Members of SUBEQUIPMENT를 선택
한다.

그림 11-46: Edit Members of SUBEQUIPMENT

마우스 오른쪽을 클릭하여 메뉴에서 Exit Equipment Editor를 선택한다. 핸들에
서 W, U축을 선택한다. 이동하고자 하는 프리미티브가 색상이 변경된다. 프리미티브가
선택되면 마우스로 드래그 하여 이동한다.

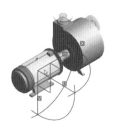

그림 11-47: Exit Equipment Editor

저자

이창근
□ (現) 거제대학교 조선기술과 교수
E-mail: lckun@koje.ac.kr

AM OUTFITTING EQUIPMENT 활용
(AVEVA Marine 12.1.SP3)

ⓒ 이창근, 2015
1판 1쇄 인쇄_2015년 11월 25일
1판 1쇄 발행_2015년 12월 05일

지은이_이창근
펴낸이_홍정표
펴낸곳_컴원미디어
       등록_제25100-2007-000015호
       이메일_edit@gcbook.co.kr

공급처_(주)글로벌콘텐츠출판그룹
       대표_홍정표
       편집_노경민 송은주 디자인_김미미 기획·마케팅_노경민 경영지원_안선영
       주소_서울특별시 강동구 천중로 196 정일빌딩 401호
       전화_02-488-3280 팩스_02-488-3281
       홈페이지_www.gcbook.co.kr

값 16,000원
ISBN 978-89-92475-74-7 93530

※ 이 책은 본사와 저자의 허락 없이는 내용의 일부 또는 전체의 무단 전재나 복제, 광전자 매체 수록 등을 금합니다.
※ 잘못된 책은 구입처에서 바꾸어 드립니다.